玩转
微木工

零基础木作小件

— 张付花 著 —

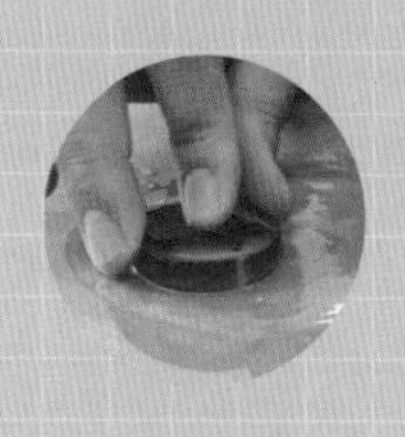

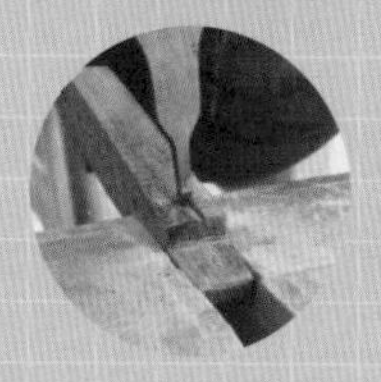

中国轻工业出版社

目录

如何开启木作生涯?

如何购买工具?

相信很多人对木作非常感兴趣，却被大型的电动设备吓到了；也有很多人准备开始学习，却不知道该购买什么样的工具；同样也有很多人，购买了大量的工具，却从来没有使用过。

我想说的是：一把手持曲线锯、一套锉刀、两张砂纸、一块木料，你就可以制作一个纯手工的菜板了。不要有负担，在没有完全入门之前也不需要买太多，找到本书中你喜欢的一个案例，对应着里面的工具和材料清单去买就好了，制作完成后再去补充下一个案例要用的工具和材料。等本书的案例做差不多的时候，你就是一个木作达人了。这个时候，你可以尝试自己设计、制作你想要的物件。当然，如果你想尝试更加专业的木作，可以关注我们后续的相关书籍。

从哪里找来材料?

在我的眼里，几乎所有看到的东西都可以作为手工材料。关键是要开动脑筋，看看手里的材料适合做些什么。只要你有想法，路边的杂草、野花、枯树枝都可以成为你创作的材料。

当然，在刚刚开始的阶段我们还是需要一些规整的材料或者半成品去制作，这个时候大家都应该感谢现代网络技术的发达。

本书所用的所有的工具和材料都可以在网络上买到。

比如我要制作一个盘子，搜索盘子料、半成品木料等关键词，就会弹出一大堆你需要的木料信息。同样，梳子、勺子、书签直接输入相关的关键词即可搜索到你想要的内容。对于一些需要定制的尺寸直接搜索木料、定制等关键词，找到卖家，跟他沟通你想要的尺寸就可以。

工作台面如何选择?

一说起木作，很多人就立马想起了专业的木工设备、现代化的厂房、标准的木工桌。这些东西，如果完全具备，那是最幸福的事情了。如果没有，我们也不需要担心，只要有一张条桌或者长凳，配上台钳就可以了。

木工桌桌面有两个桌钳，配有卡榫。卡榫配合桌孔使用，常被用来固定木料，不使用时可隐藏于桌面内，使用时拔出即可。

← 木工桌

↓ 台钳的使用

工具与材料怎么选?

木工 DIY 工具一般有电动和手工两种。为了提高可操作性、参与性，本书中仅仅使用手电钻一件电动工具，其他均为手工工具。常见手工工具有快速夹、手持曲线锯、夹背锯、锉刀、凿子、锤子、尺子、铅笔、橡皮、棉布、手套、围裙、口罩等。材料有木材、砂纸、胶水、木蜡油等。

工具

快速夹

适用于木料的临时固定，木材的精细加工，修整榫头，木制品的预组装等。和传统夹具比起来，快速夹可以单手进行压紧、释放等操作，快速方便。

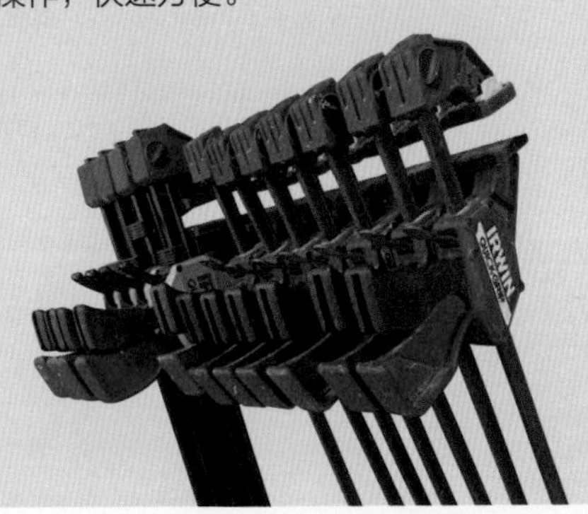

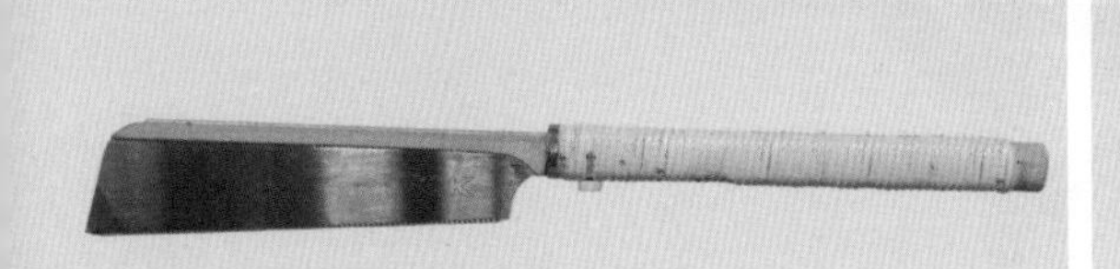

夹背锯

日式夹背锯切面光滑，适合锯切榫头、加工燕尾榫等精密的操作。因为锯片非常薄，所以柔软的锯片被夹背固定住。

使用夹背锯关键是沿着切割面从上至下笔直切割。夹背锯朝向内侧拉锯时，下压力用三成，拉锯力用七成左右，切割会更轻松。

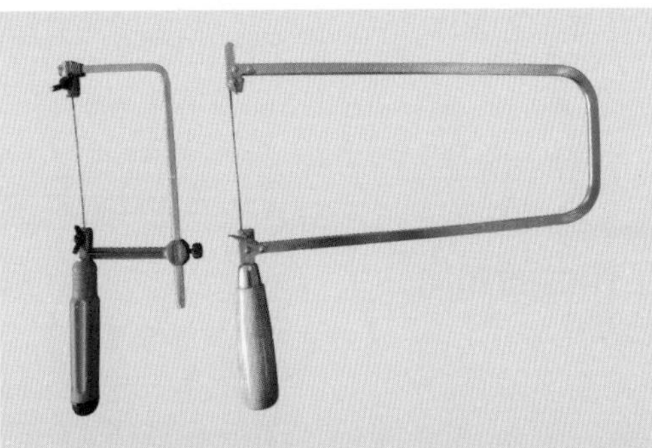

手持曲线锯

手持曲线锯又称拉花锯，适合复杂的曲线。钢制的锯弓有着较高的强度，同时能绷紧锯条，保证稳定性。

曲线锯安装

先夹尾部，将锯条塞进尾部的孔内，用力扭紧。

锯条安装应注意一下锯条的方向，锯齿有上下之分，锯齿向下的方向向着手柄。

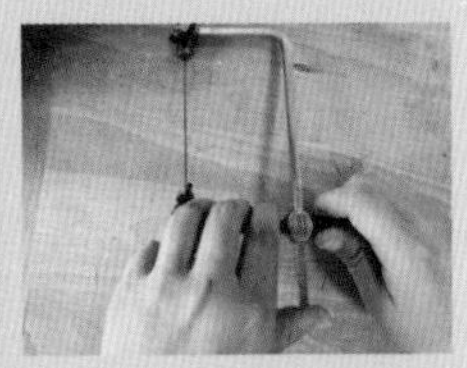

装手柄处，这时要做一个拉弓的动作，就是把线锯向下压，然后卡紧螺丝，这样当松开时，锯条会自然绷紧。

装好后如果锯条会松，说明螺丝没有装紧，需要用钳子辅助夹紧。

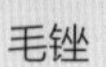

毛锉

细齿锉
（平板锉）

什锦锉套装

锉刀

本书用到的主要是毛锉、细齿锉（平板锉）、什锦锉套装。毛锉主要去除木皮或修整比较粗糙的表面，平板锉主要用于塑形，什锦锉套装主要适用于制作小件、精细部位加工等。

什锦锉一般包含：扁锉、方锉、三角锉、圆锉、半圆锉、尖头扁锉等。

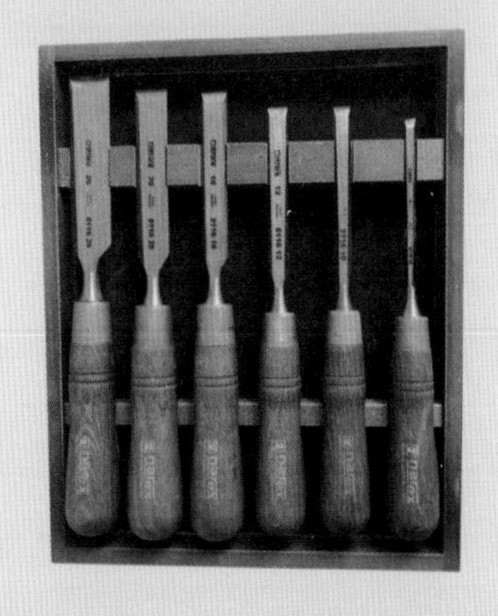

手工凿（扁凿）套装

本书小件制作使用的为扁凿套装，主要用于切、修整及成型，通常用来去掉不需要的部分。凿刀在使用过程中既可以用手推切，也可以用橡胶锤或木槌辅助。一般有 6，8，10，12，14，16，18，20，25mm 等规格。

凿刀刃磨

如果凿子不够锋利，就需要进行打磨。磨刀石使用前应提前浸泡在水中，用夹具将其固定在台面上，以防止磨刀石在打磨过程中移动。

❶ 把凿子放在磨石上，与磨刀石一般成 25° 左右。

固定好角度，右手握住刀柄，左手的两个手指有控制地压在刀刃上，然后在磨刀石上以画 8 字的方式反复打磨。

及时观察被打磨的刀刃是否均匀。如果有不均匀的地方，就用手指按住这一边，以便更多地磨除这一边的金属。

❷ 继续这样打磨，直到沿着整个刃口都形成了飞边。把凿刀翻转并平放在磨石上，以拉的动作打磨。

❸ 磨掉飞边后，可以换用更细的磨刀石，重复以上步骤。

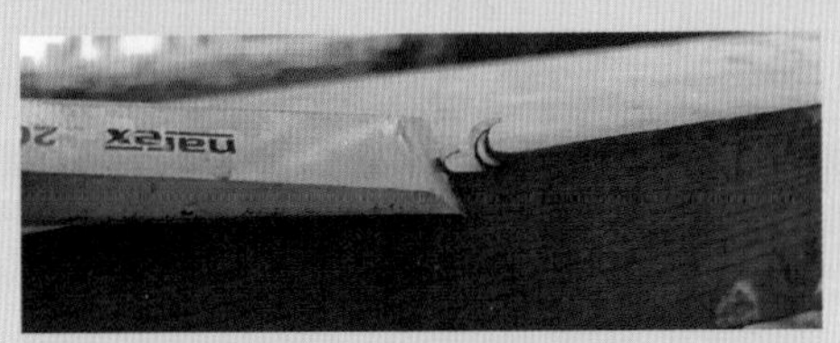

❹ 测试一下效果，打磨好的凿刀应当很容易铲削木头，甚至可以切断手上的汗毛。

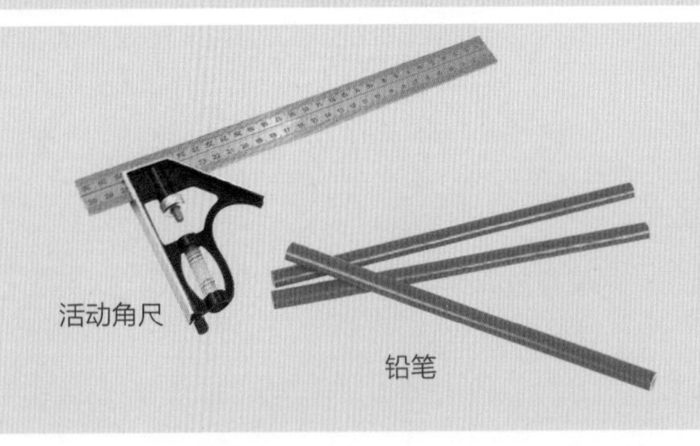

画线工具

制作过程中有的作品需要标注、画线，需要准备铅笔和各种尺规来辅助画图。对于爱好者来说不需要一次性购置太多，铅笔和活动角尺基本就可以满足需求。

打坯刀（圆弧刀）

打坯刀在本书中主要用于挖勺、盘等，刃口为弧形且微微上翘，可以很好修整出勺、盘的形状。有不同的型号可以选择。

砂纸

砂纸主要用于物体表面打磨和抛光，常见的砂纸按照粗细程度可分为 80，120，180，240，320，400，600，800，1000，1200，1500，2000，2500，3000，5000，7000 目等。一般木材常用的为 180，240，320 目。

砂纸用 502 粘在木块上进行打磨，力度更均匀，使用也更方便。

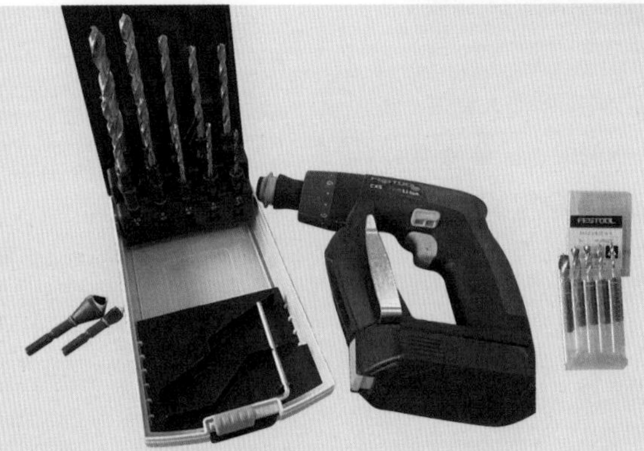

手电钻

手电钻在本书中主要用于打孔、拧螺丝和打沉孔。根据需要将相应钻头安装到电钻末端固定即可使用。起子钻头用于旋转螺钉，钻孔钻头用于打穿整洁平滑的孔洞，麻花钻头则在根据直径打孔安装螺钉时使用。

手电钻可以用来钻螺钉孔、螺帽孔，固定螺钉，而做这些，只需要更换钻头即可。钻孔时注意保持钻口的垂直，从正上方对准木材紧紧挤压。钻孔时工件下方垫木料以保护台面。

胶水

← 木工胶

木工胶主要应用于木材与木材的黏合。

溢出的胶水如果残留在工件上会留下斑痕，而且很难清理。因此，在木工胶未干之前，用湿润的毛巾擦掉。

↙ 聚氨酯液体胶（蓝莓发泡胶）

可以粘接金属、陶瓷、大多数的塑料、石头及其他有孔和无孔的材料。在涂胶后只要夹住 45 分钟即可，100% 防水。

需要注意的是此款胶水在干固过程中会有发泡现象，在没有使用夹具的情况下，留意材料之间的位移。书中主要用于木材与金属的粘接。

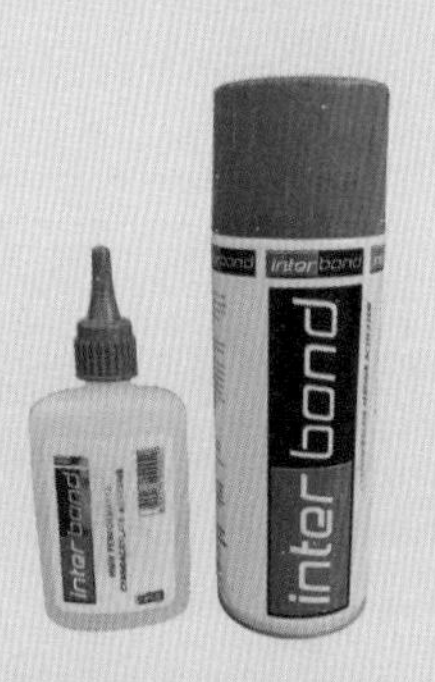

双组分快干胶 ↗

快干胶在常温下可以快速固化，使用非常便捷，粘合力强。可以粘接各类木材、人造板、塑料等。施胶时一定要确保施胶面平整、光滑、无灰尘，方能使胶合力发挥到最大强度。粘贴物体只需要 10~15 秒钟即可，适合不好使用夹具固定或需要快速粘接的情况。

502 胶水 ↗

本书中，主要用 502 胶水把图纸粘在木材上，方便读者操作。

木蜡油

木蜡油适用于木材处理和维护（特别是对家具和玩具），对木材起到保护作用。

棉布

棉布适用于木器的表面处理，应当选择吸水性、吸油性、灰尘吸附性强的产品。

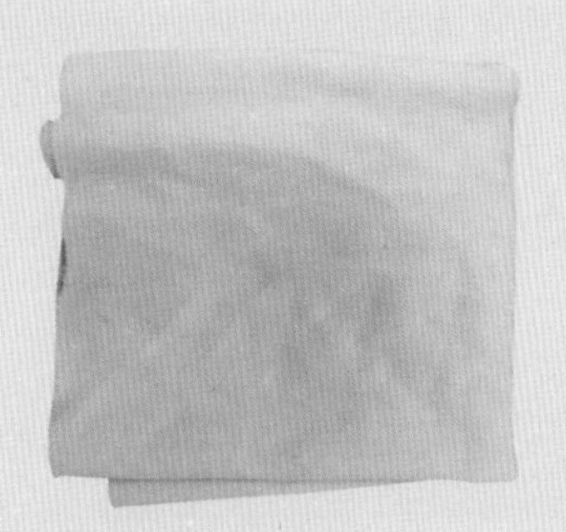

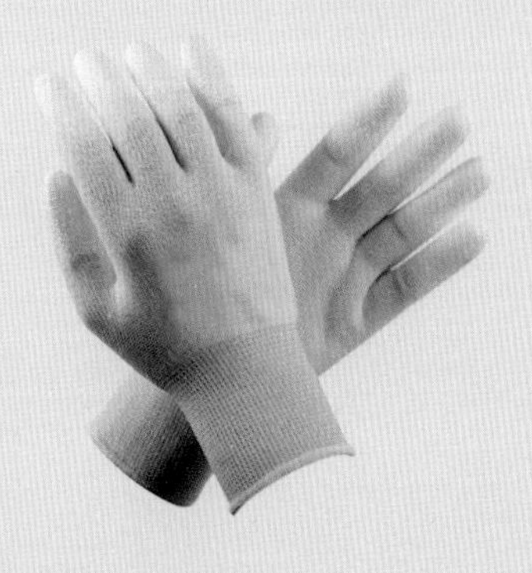

手套

为保证操作过程中手部的灵活性和精确性，应该选用表面带胶粒的纯棉手套。既能保证手部灵活性，又可以起到防割伤的作用，表面的胶粒还可以防止手握工具的时候打滑，非常适合手工木作。

防护手套仅限在手工木作中佩戴。使用电动工具时，禁止佩戴手套，以防被机器卷入造成意外。

木工围裙

木工 DIY 的防护，进行切割、刷涂等工作时防止污染衣服。同时，不同的口袋满足木工中携带工具的需求。

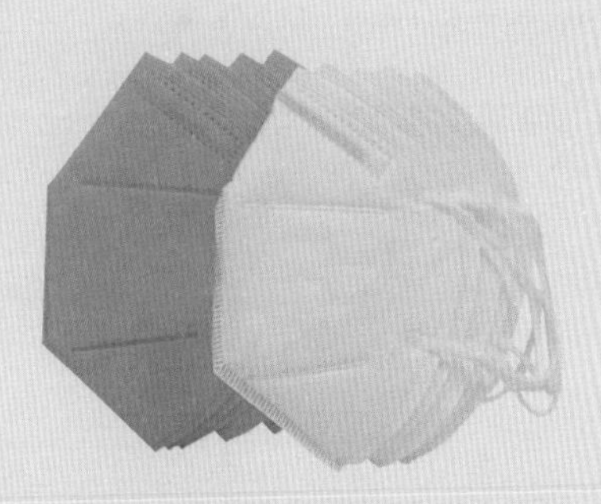

口罩

加工木材的时候会产生粉尘，我们需要佩戴口罩。木工口罩可有效阻止粉尘的吸入。

优品生活

砧板

准备工作

工具和材料

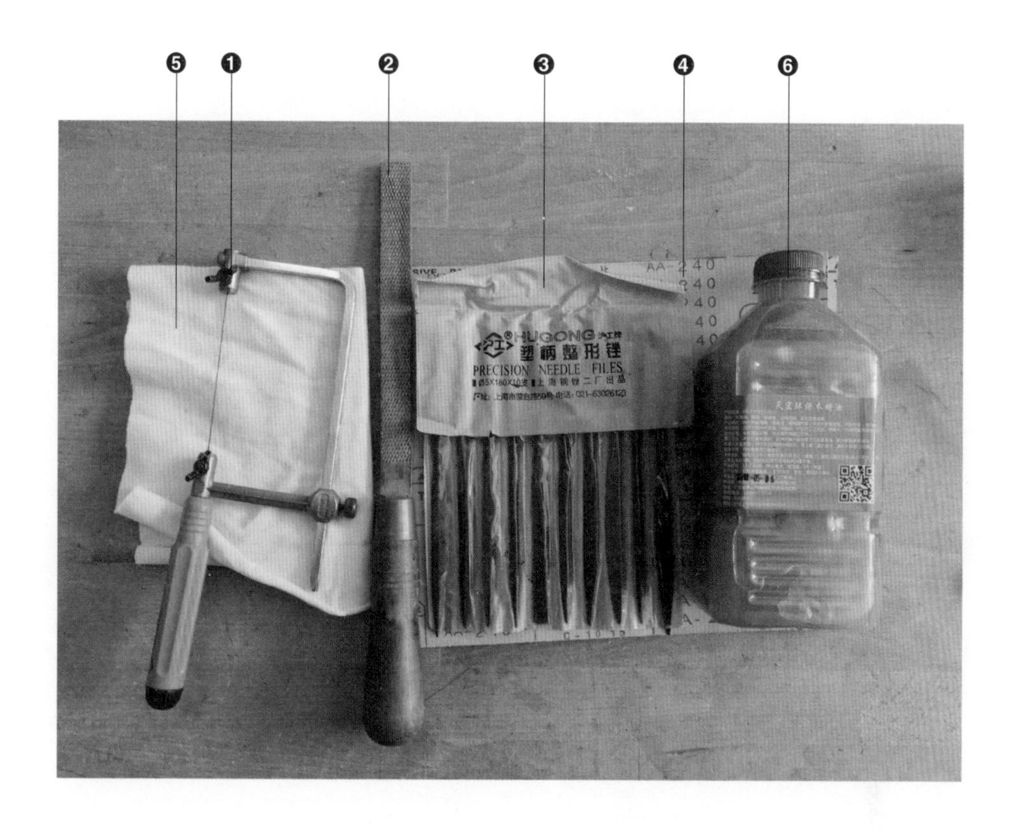

❶曲线锯一把

❷平板锉一把

❸什锦锉一套

❹砂纸（180，240 目各一张）

❺棉布一块

❻木蜡油或食用油少许

其他：手电钻，502 胶水，胡桃木或榉木砧板料一块（网店可以直接购买）

制作步骤

1 把随书附赠的砧板图纸剪下来，准备好木料和 502 胶水。

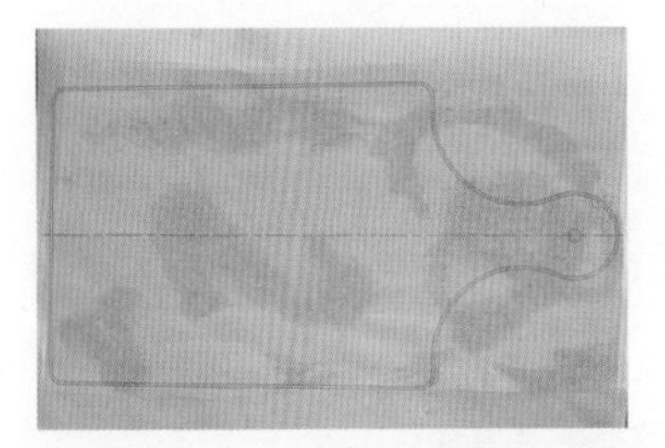

2 用 502 胶水把图纸粘在木料上面。

3 按图纸孔位，使用电钻在木料上打孔。

小贴士

• 考虑到读者对尺寸要求不同，本书提供了不同尺寸的砧板图纸。读者可以根据自己的情况选择合适的图纸尺寸剪下使用。

• 不好锯切时，可以在工作台上换个方向夹持再继续操作。

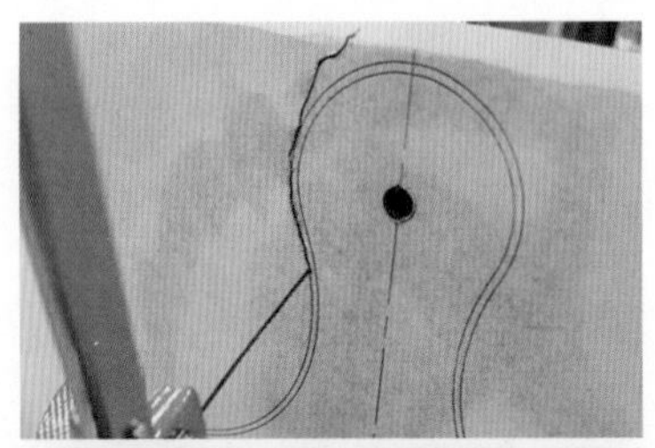

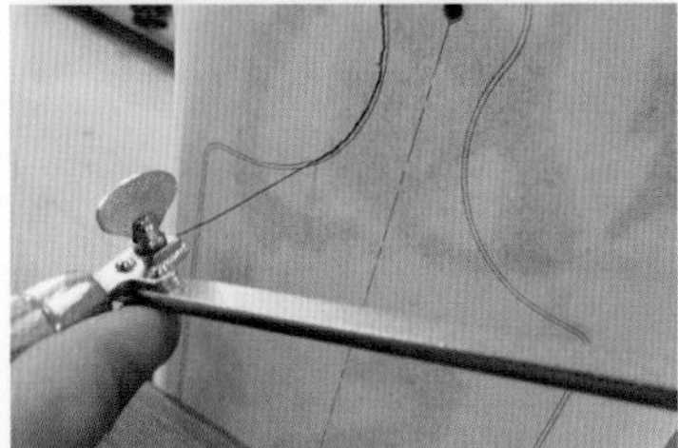

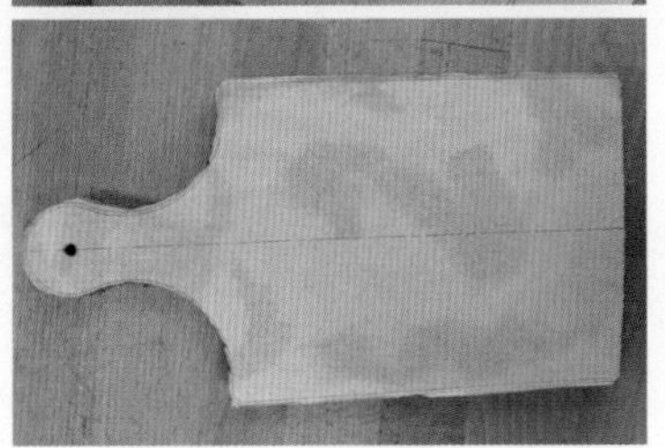

4 打孔后将木料夹持在工作台上，沿图纸的形状进行锯切，直至锯切完成。

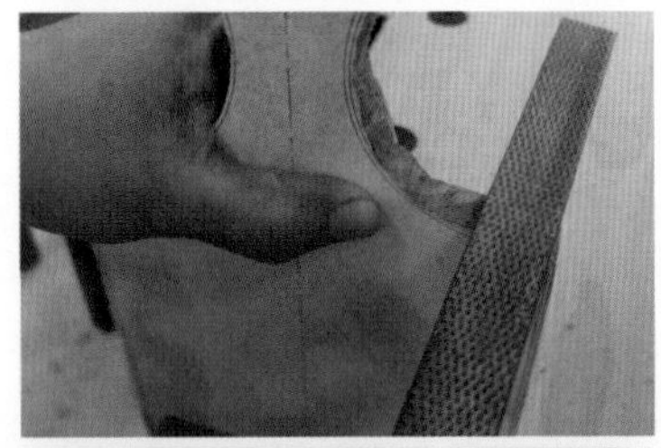

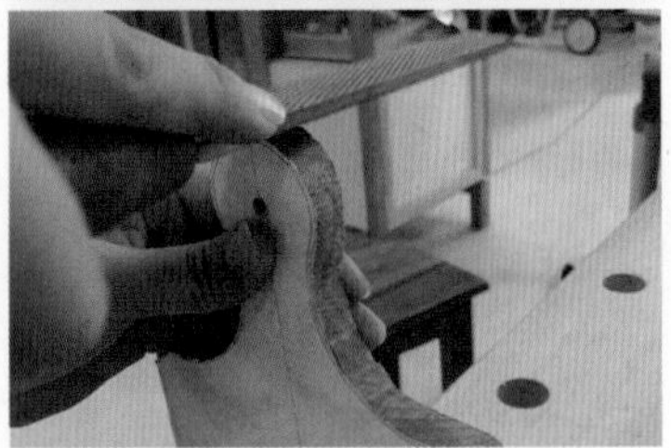

5 使用平板锉修整外形。

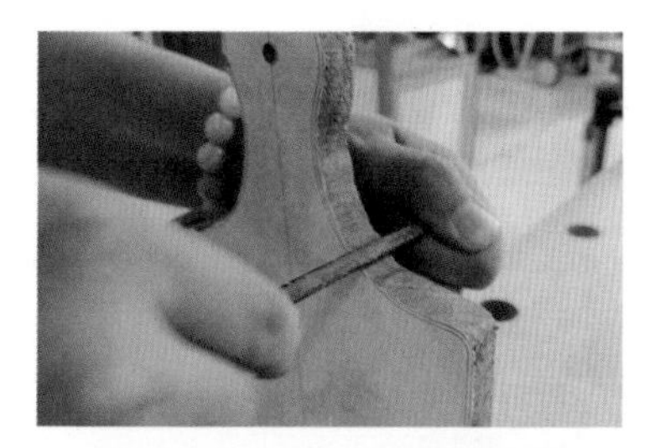

6 更换合适的锉刀打磨圆弧部分。

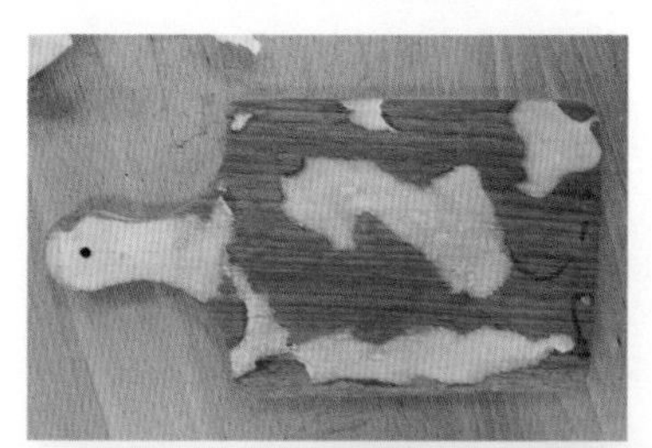

7 修整好外形后将图纸撕掉，不容易撕掉的地方可以用砂纸清理。

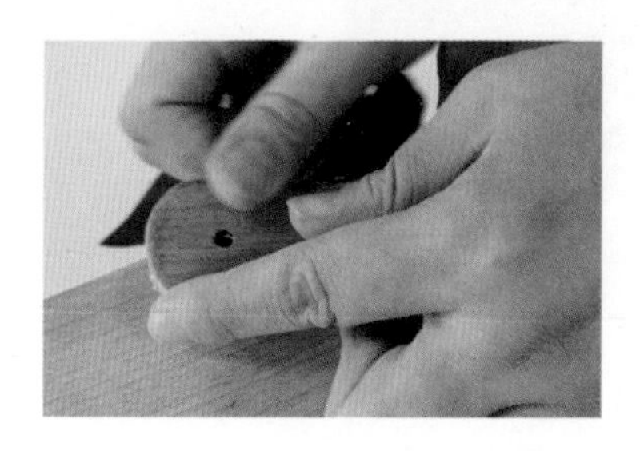

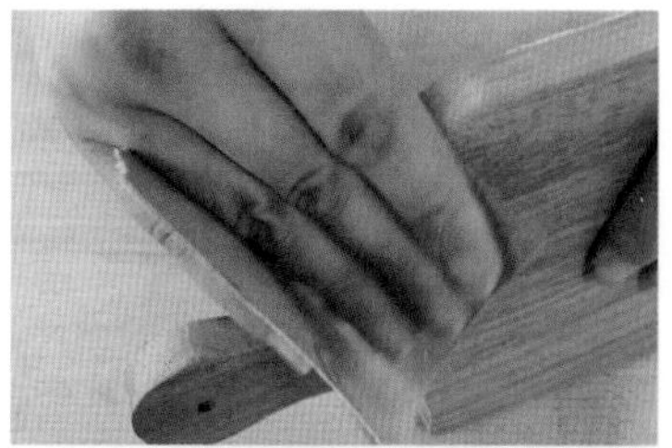

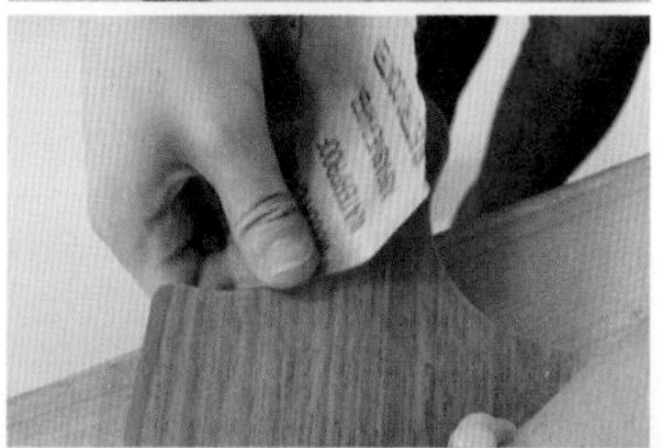

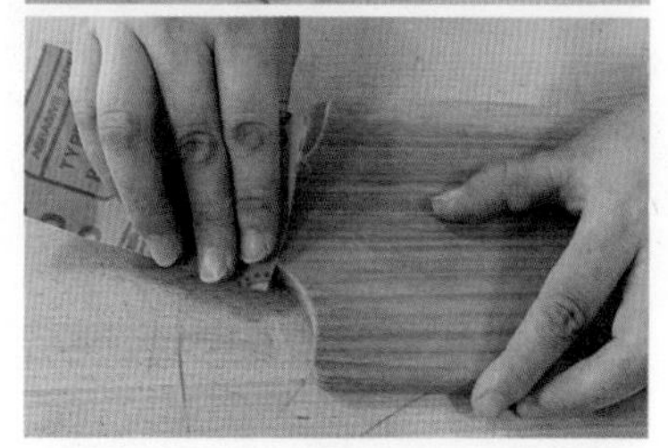

8 用180目和240目砂纸依次打磨。打磨时，注意贴板边缘弧线处理，尽量让线条优美、光滑，无毛刺。

9 涂抹木蜡油。

成品展示

木铲

记忆中，
每次回家一进门就能闻到饭菜飘香。
幸福就是厨房里传来烟火的味道。
让我们为家人制作一把木铲吧。

准备工作

工具和材料

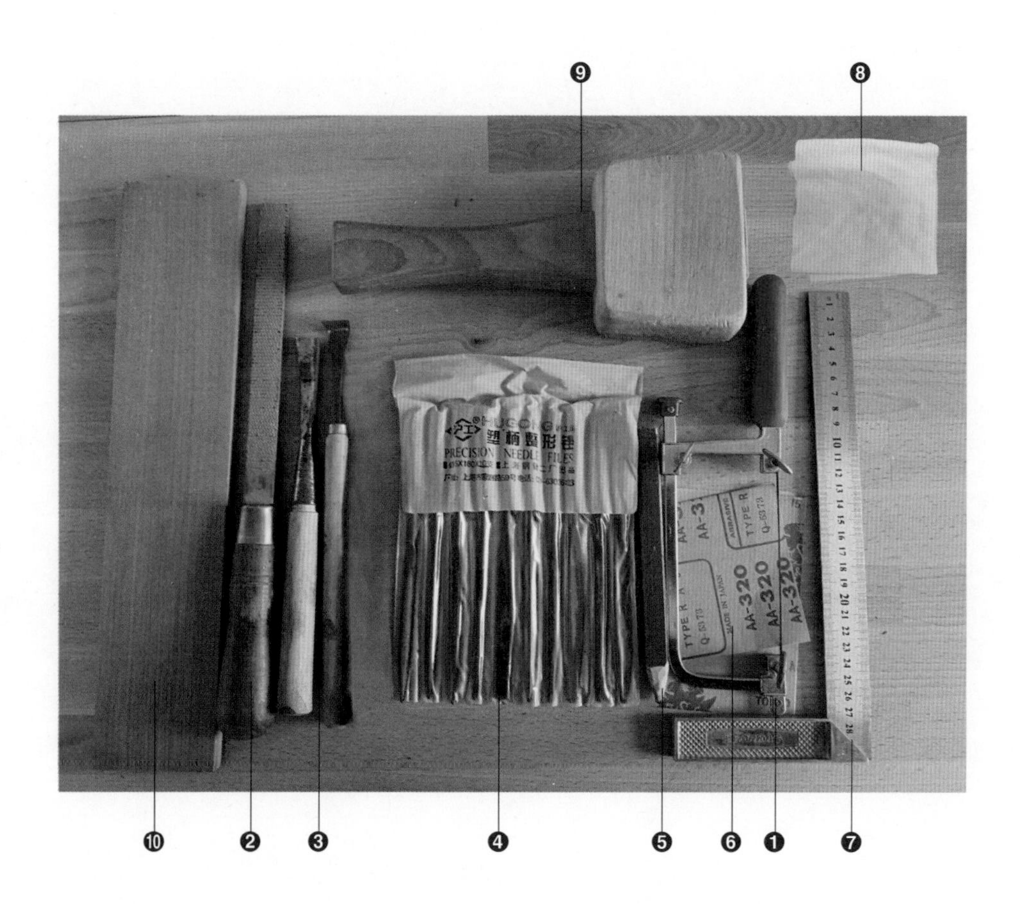

❶曲线锯一把

❷平板锉一把

❸打坯刀（圆弧刀）两把

❹什锦锉一套

❺木工铅笔

❻砂纸（120，240，320 目各一张）

❼直角尺一把（也可用活动角尺）

❽棉布一块

❾木槌一把

❿380mm × 80mm × 15mm 红檀香木料一块（可以使用榉木、红豆杉、黑胡桃等其他木材替代）

其他：食用油少许

制作步骤

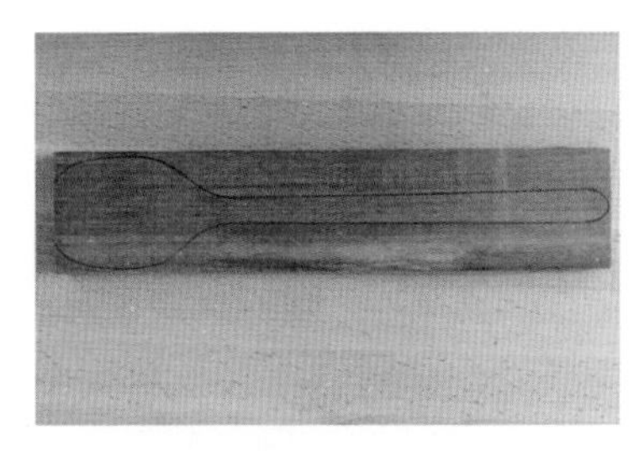

1 取出事先准备好的木料，使用木工铅笔和尺子在木料上绘制木铲的形状。

2 使用夹具将木料固定在工作台上，木铲头部位置可以垫一小块木料来保护。

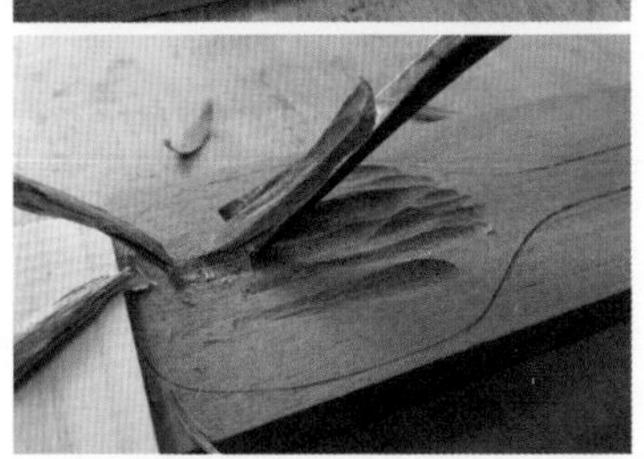

3 使用打坯刀铲除铲子头部中间多余的木料。

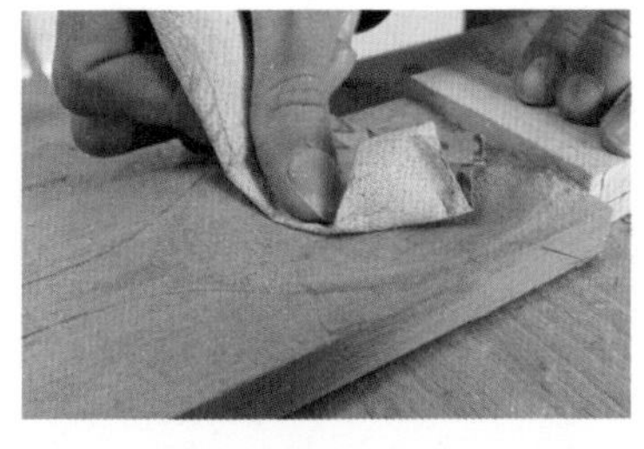

4 不好修整的地方可以用较粗的砂纸（80 目或者 120 目）来打磨。

5 将木料拆下，调整方向，重新夹持。按照绘制的形状，使用曲线锯把多余的木料切割下来。

小贴士

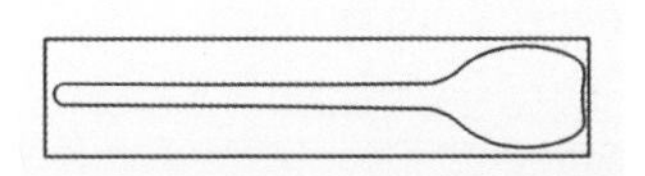

• 对自己的绘图缺乏自信的读者可以使用随书附赠的图纸，将图纸用 502 胶水贴在木料上。

6 切割后木铲的轮廓基本定型，接下来就是曲线的修整。

7 使用平板锉修整木铲的外形，修整时注意力度并及时调整木铲上下的位置，防止用力不当导致木铲断裂，细节的部分可以使用整形锉进行修整。

8 修整之后整体的弧线圆润了很多。

9 接下来就是最耗时间的打磨了，先使用 120 目的砂纸粗磨，再依次使用 240，320 目的砂纸精磨。

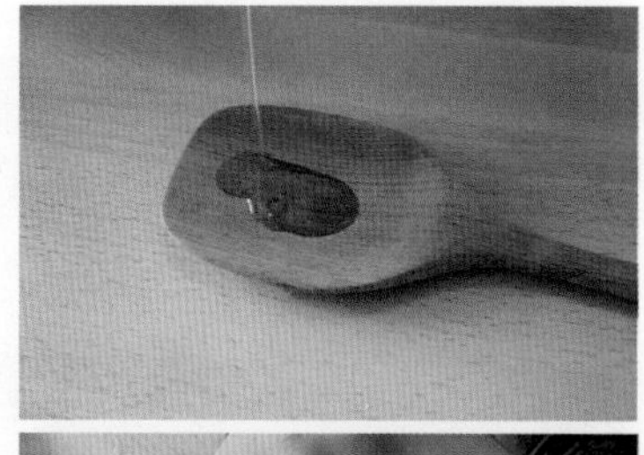

10 打磨之后滴少许食用油，用棉布或棉纱涂抹均匀。

成品展示

三角盘

角落里，

一块三角形的黑胡桃木料静静躺在那里。

有一块不小的裂纹。

估计制作家具是不能用了，

索性拿过来做个小玩意。

准备工作

工具和材料

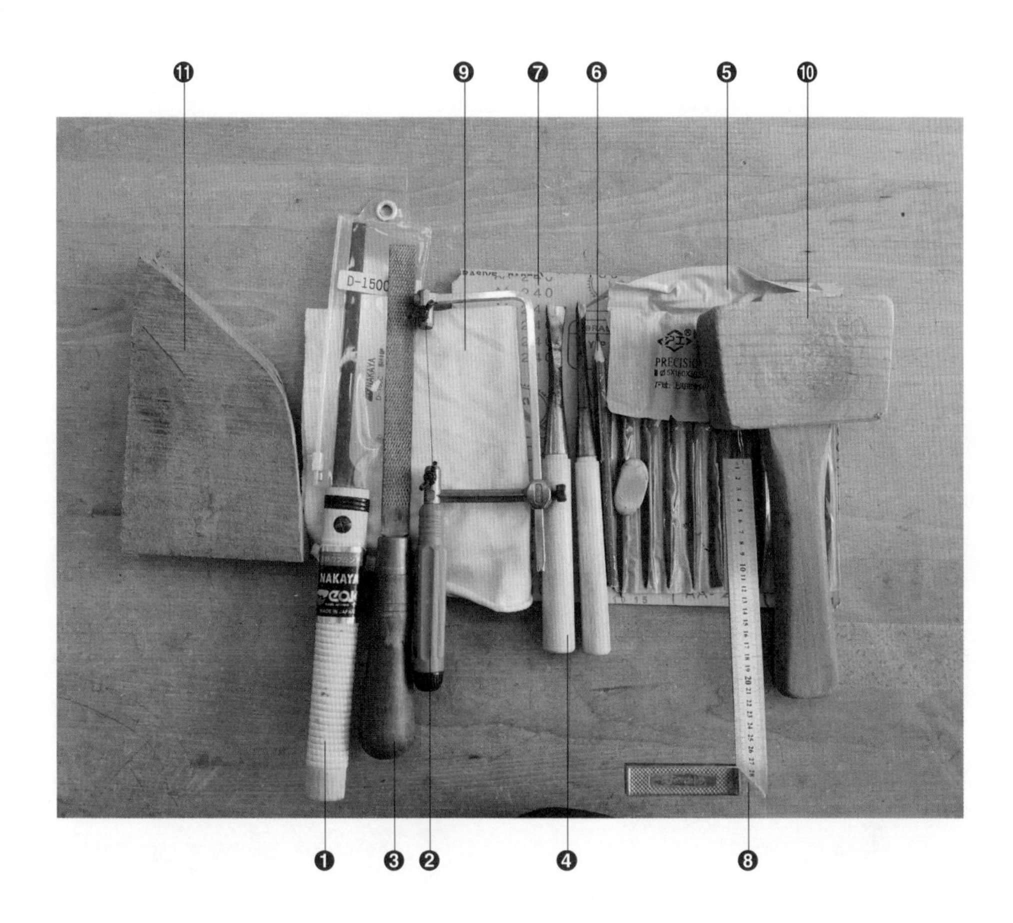

❶夹背锯（框锯也可）

❷曲线锯一把

❸平板锉一把

❹打坯刀两把

❺什锦锉一套

❻木工铅笔

❼砂纸（80，120，240，320 目各一张）

❽直角尺一把

❾棉布一块

❿木槌一把

⓫黑胡桃木一块（可以使用榉木等替代）

其他：食用油或木蜡油少许

制作步骤

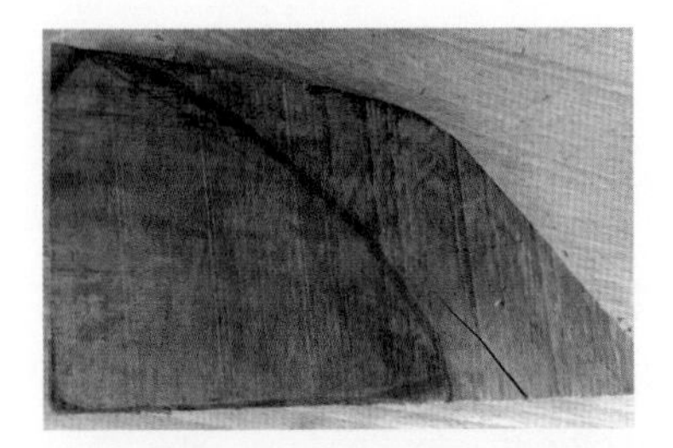

1 取出事先准备好的木料，使用木工铅笔和尺子在木料上绘制盘子的形状。绘制时注意避开木材的裂纹。

2 使用夹具将木料固定在工作台上，使用框锯（或夹背锯，木料较薄时可使用曲线锯）锯出盘子的轮廓，注意顶点不要锯得特别光滑，否则夹持时容易打滑。

3 锯好的木料水平固定在工作台上，使用打坯刀铲除盘子内部多余的部分。注意由四周向中间铲，可以保留刀痕，营造肌理效果。

4 盘子竖起来固定，使用锉刀修整盘子底部的外形。

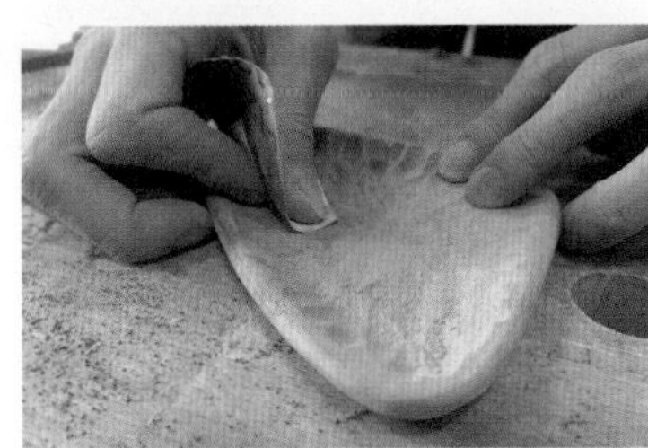

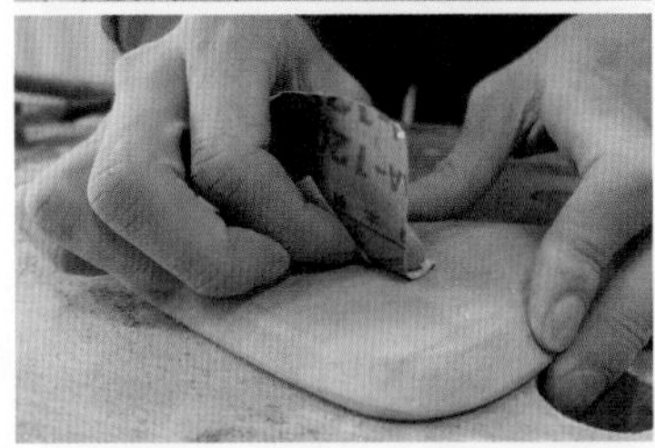

5 不好修整的地方可以用较粗的砂纸（80 目或者 120 目）来打磨。

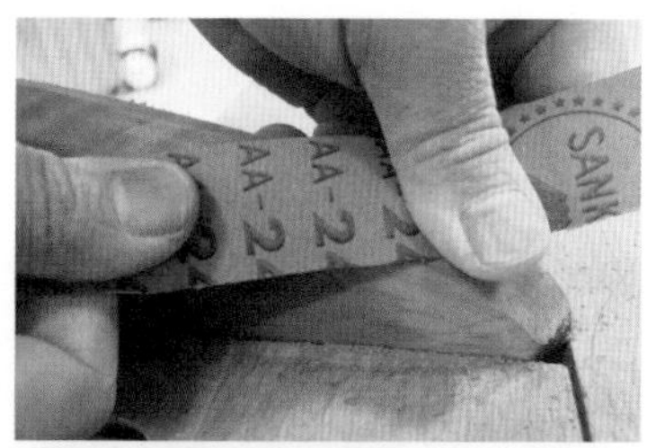

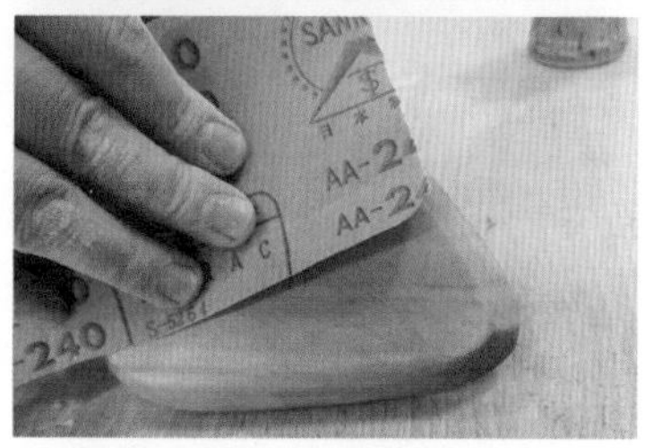

6 形状定好之后依次用 240，320 目的砂纸抛光。

7 涂上木蜡油或食用油，用棉布涂抹均匀。

成品展示

爱心坚果盒

准备工作

工具和材料

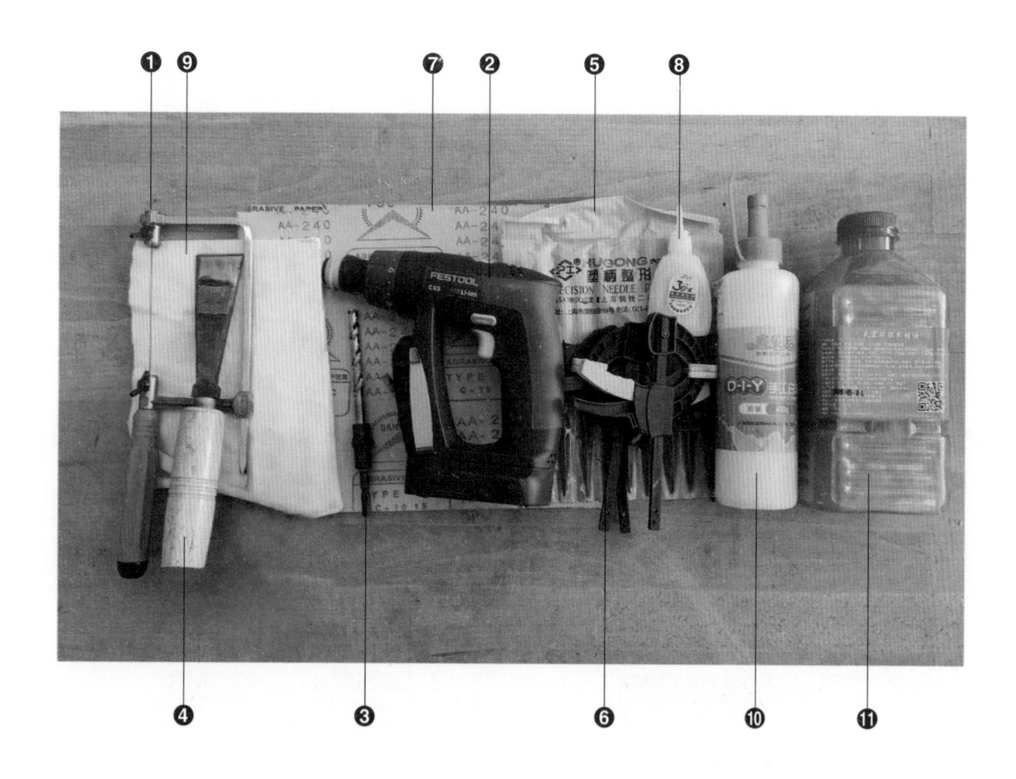

❶曲线锯一把

❷手电钻一把

❸钻头一根（可以穿过拉花锯条即可）

❹扁凿一把

❺什锦锉一套

❻快速夹

❼砂纸（180，240 目各一张）

❽502 胶水

❾棉布一块

❿木工胶水

⓫木蜡油少许

其他：榉木料一块（厚度 25mm，尺寸根据想要制作的盒子大小而定）

缅甸黄花梨木板（可用黑胡桃等其他木料代替，厚度 5mm）

制作步骤

1 选择一块合适的榉木（也可以使用其他木料来代替）。

2 将随书附赠的图纸剪下来，使用 502 胶水粘在木板上。

3 使用手电钻沿两颗心的内侧分别在木料上钻孔。

4 将曲线锯一边的锯条拆下来，穿过孔位。

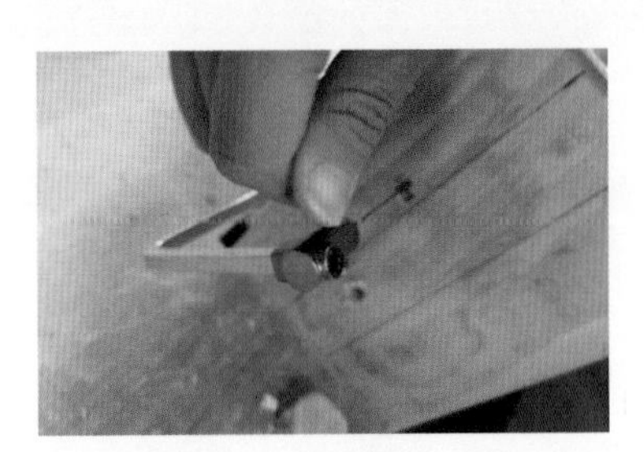

5 拧紧锯条，开始锯切。锯出一边的心形。

小贴士

• 如果手拧力度不够，用钳子辅助拧紧。

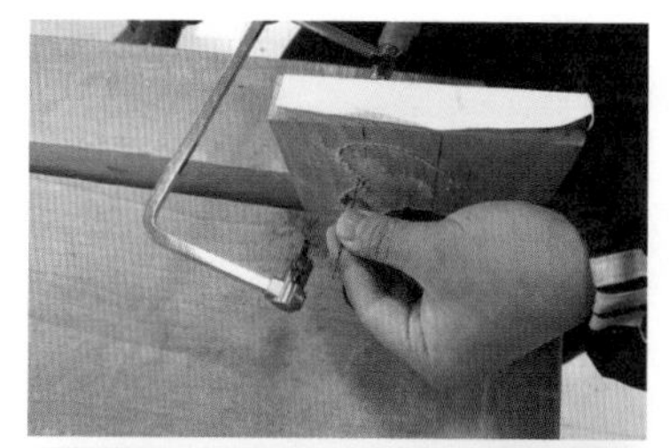

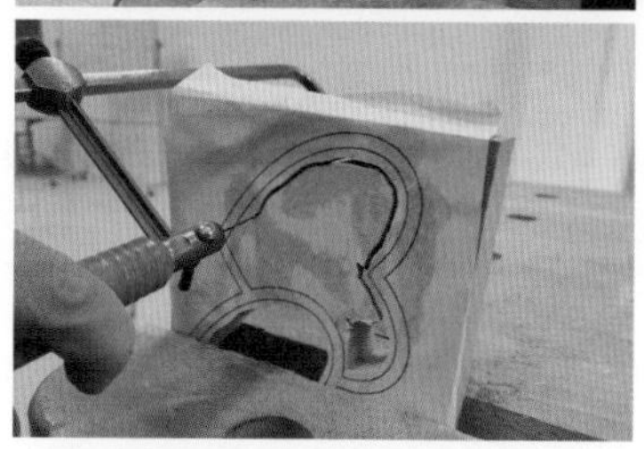

6 另一侧使用同样的方法进行锯切。

7 锯切完毕。

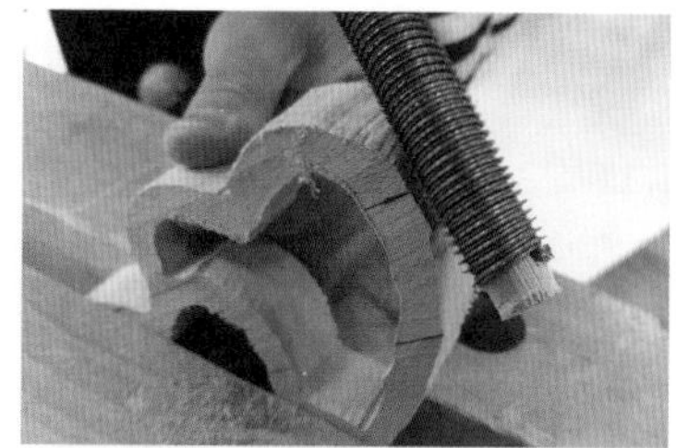

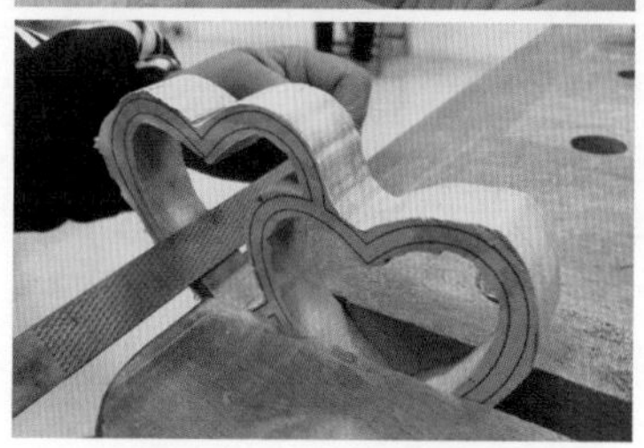

8 将木料夹在工作台上固定，使用锉刀进行修整。使用锉齿比较锋利的毛锉或平板锉修整大体形状。

小贴士

• 为防止木头在修整过程中断裂，尽量一手按住木料，一手使用锉刀。

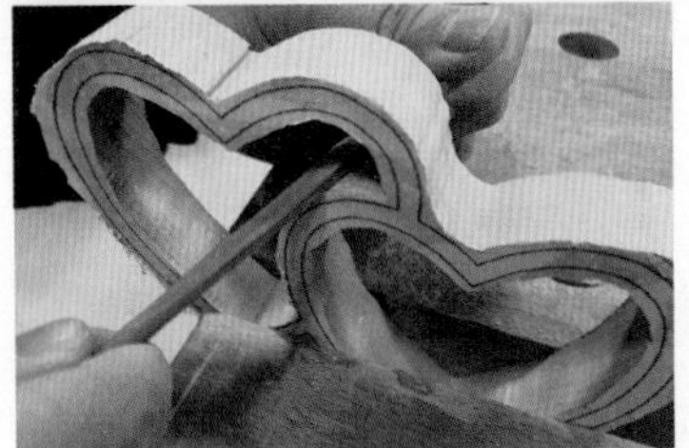

9 使用较细的锉刀进行修整，应当根据工件的外形更换锉刀。

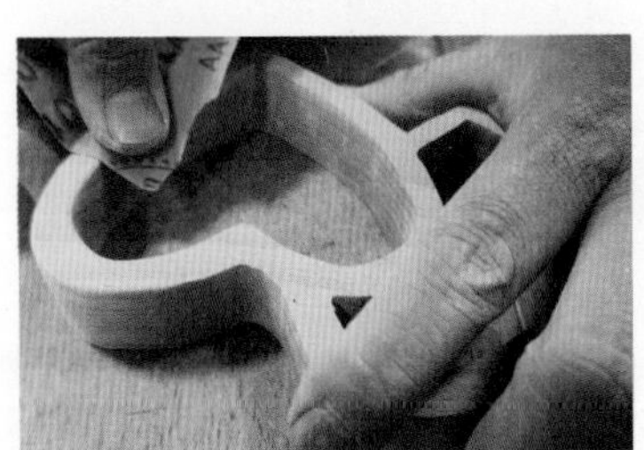

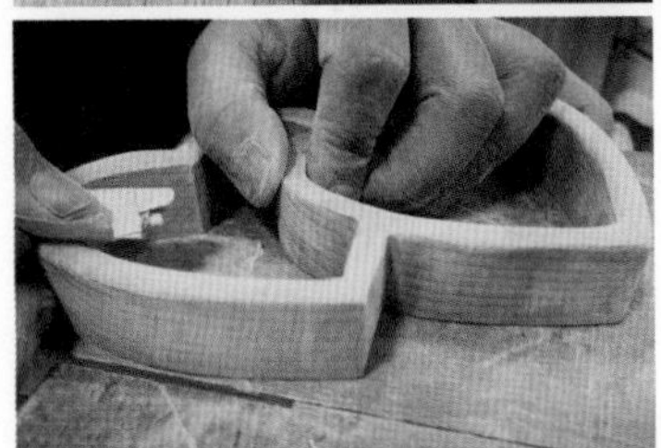

10 使用砂纸（180，240 目均可）进行打磨。

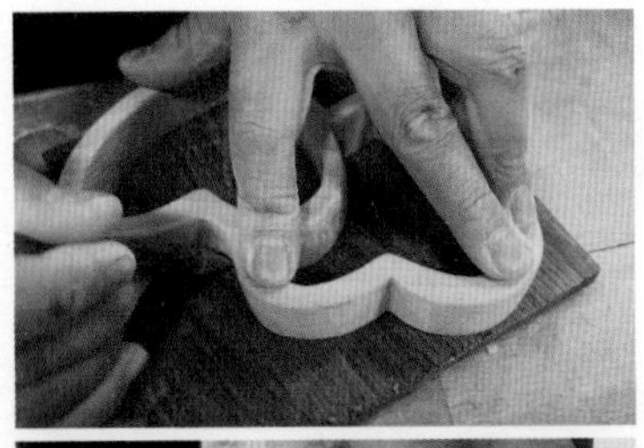

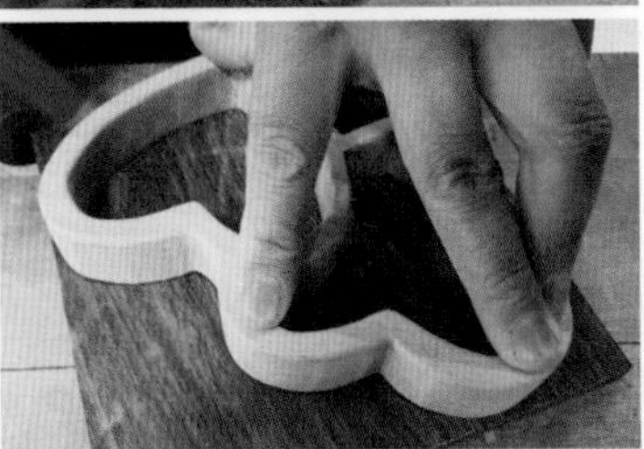

11 将打磨好的工件放在底板木料上，用笔描出盒子的外轮廓。

小贴士

• 绘制轮廓的目的在于方便施胶后定位。

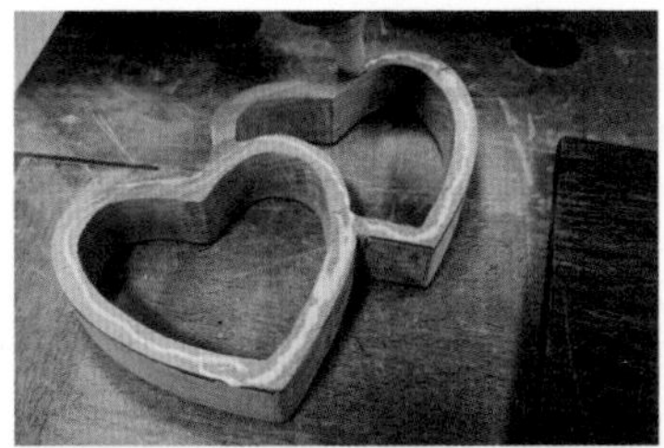

12　在爱心的底部涂抹上木工胶。

13　沿着画好的轮廓线把爱心和底板粘在一起。

14　使用夹具夹紧。

15　使用湿毛巾将溢出的胶水擦干净。

小贴士

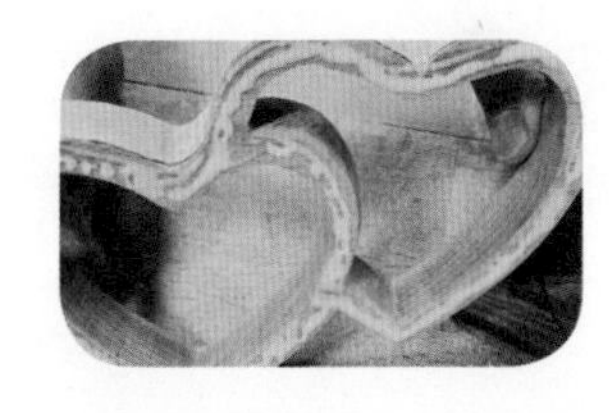

• 施胶时应把握用量，保证尽量都涂到，但是不要溢出太多。

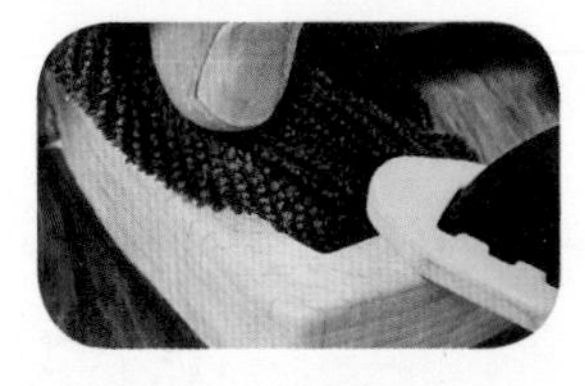

• 胶水在干燥之后很难处理，所以夹紧后直接用湿润的毛巾擦干净是最明智的选择。

16 24 小时后将工件取下，在工作台上夹紧。使用曲线锯将底板沿爱心的轮廓线进行切割，直至切割完成。

17 使用扁凿对底板进行修整。

18 使用 240 目砂纸进行打磨。

19 用棉布或棉纱蘸取适量木蜡油进行表面处理即可。

成品
展示

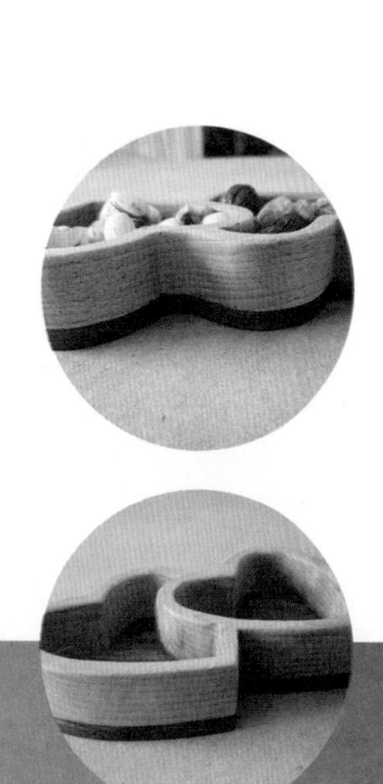

骄傲的小猫（勺）

闲来无事，制作了一个小猫形状的挂勺，
来宝见了说：妈妈，这只小猫尾巴翘这么高，它好骄傲啊。
为此，这把勺子的名字就叫“骄傲的小猫”吧。
当然，妈妈告诉了来宝：
尾巴翘这么高是有原因的，要挂在杯沿上防止勺子掉下去。

准备工作

工具和材料

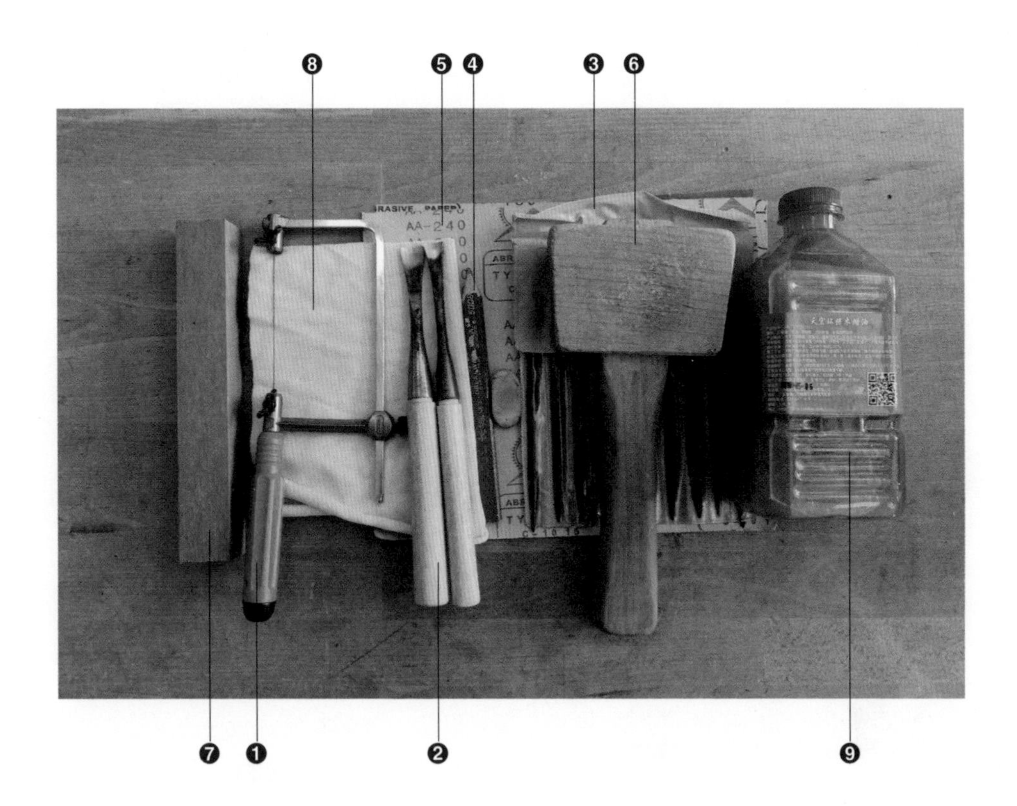

❶曲线锯一把

❷圆弧刀（也可以购买专业的挖勺刀）

❸什锦锉一套

❹木工铅笔

❺砂纸（120，240，320 目各一张）

❻木槌一把

❼红木木料一块（可以使用榉木、红豆杉等替代）

❽棉布一块

❾木蜡油或食用油少许

制作步骤

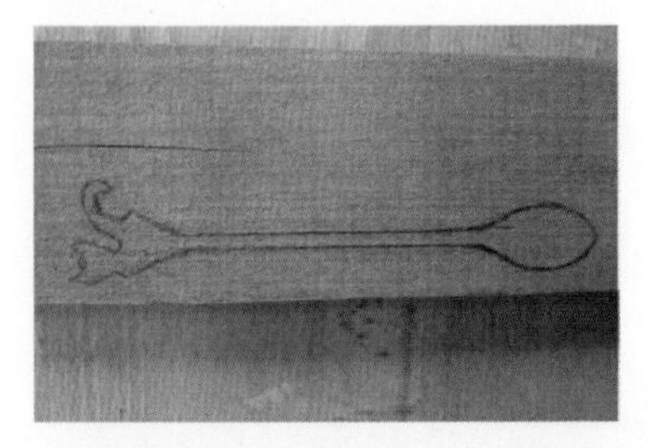

1 取出事先准备好的木料，使用木工铅笔和尺子在木料上绘制勺子的形状。

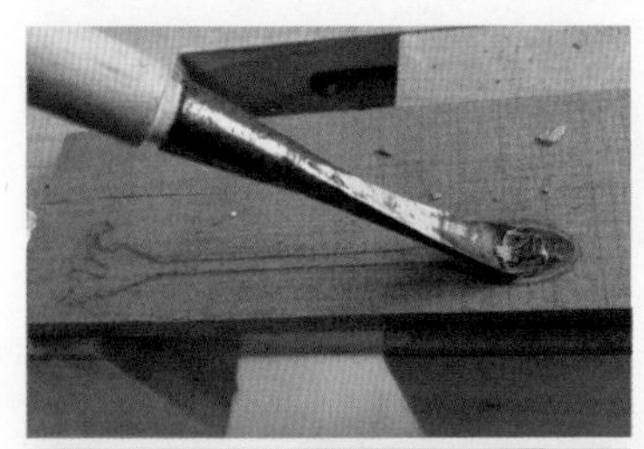

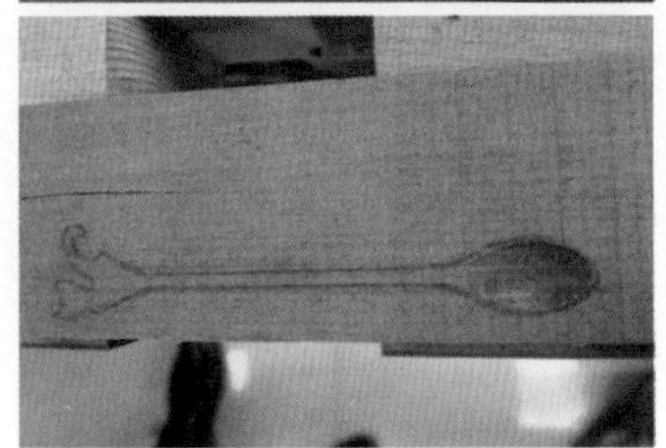

2 在工作台上把工件固定好，使用圆弧刀挖出勺子的凹陷部分。

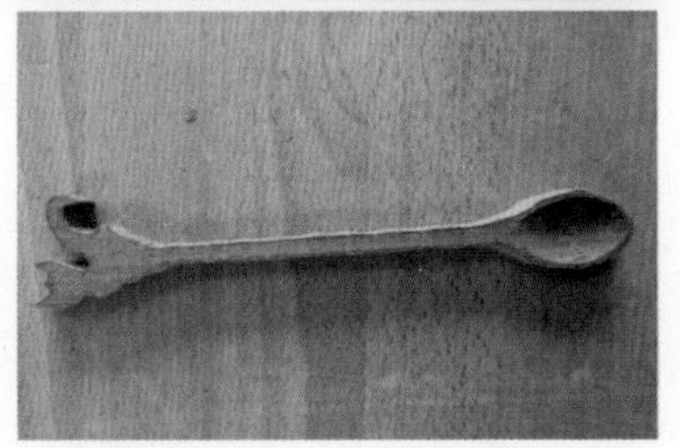

3 将工件换个方向夹持，使用曲线锯沿线锯出勺子的轮廓。

小贴士

• 若没有专业木工桌，也可以在工作台上用快速夹夹住工件，或者安装台钳。

• 本例提供图纸。

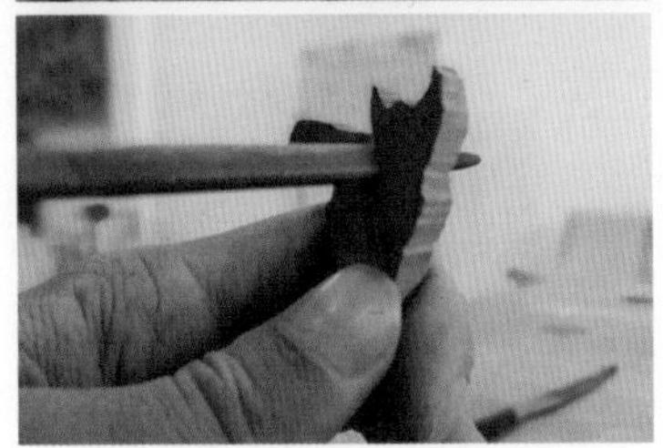

4 使用什锦锉刀，不断修整勺子的外形，直到满意为止。

5 锉刀修整后，外形如图所示。

小贴士

- 勺子外形纤细，一定要一手捏住工件、一手操作，同时把握好力度，以防止断裂，前功尽弃。

- 对于曲线部分，应当随时更换合适形状的锉刀，才能保证修整的外形曲线流畅、顺滑。

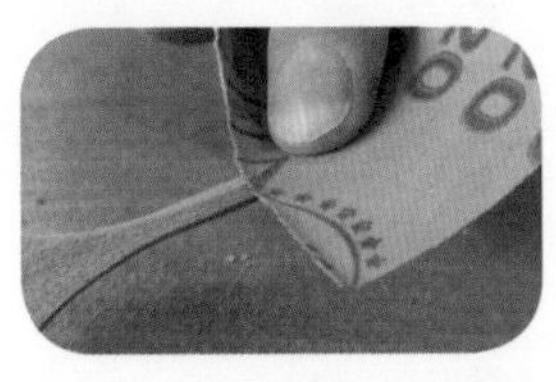

- 若使用锉刀没有把握，不要急于求成，一些稍微粗糙的地方，可以用120目砂纸慢慢研磨。

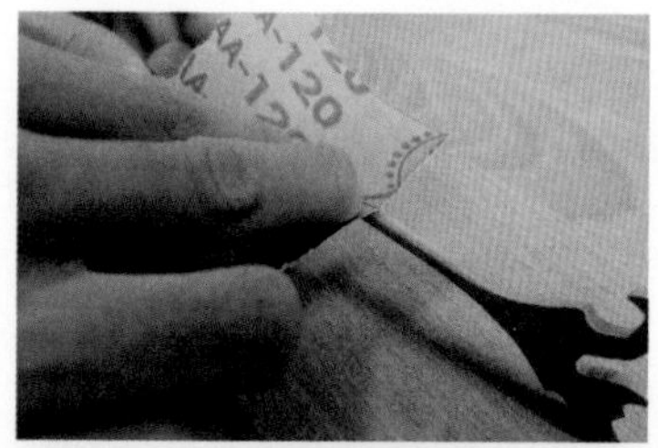

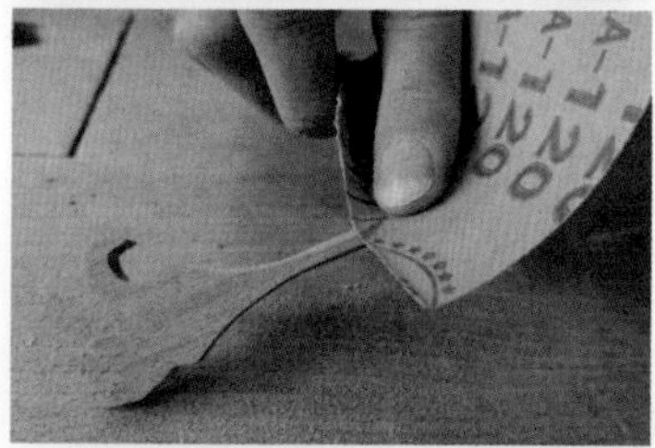

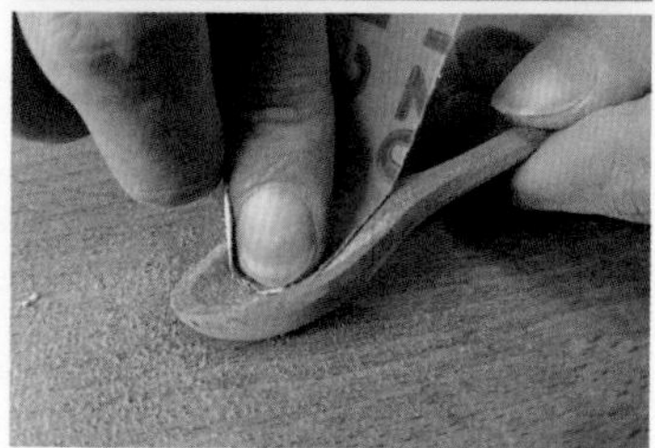

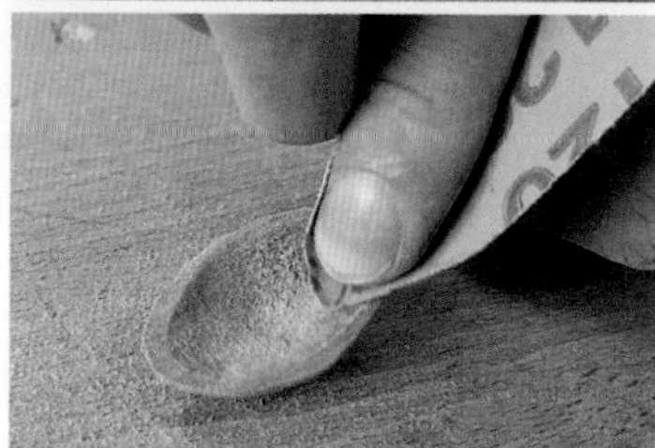

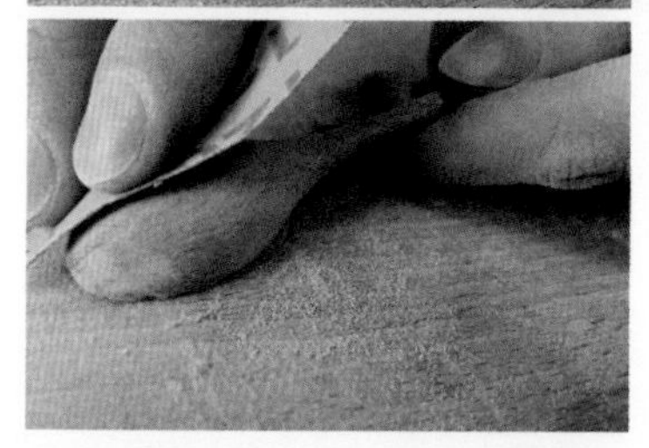

6 先使用 120 目的砂纸，继续修整不满意的地方，小猫的造型、勺柄、勺子头部，一步步耐心研磨。

7 再依次使用 240，320 目的砂纸进行打磨，直至打磨完成。

8 使用棉布蘸取少量食用油，进行涂抹即可。

成品
展示

普洱茶刀

三两好友
烹茶畅叙
便是美好人生

准备工作

工具和材料

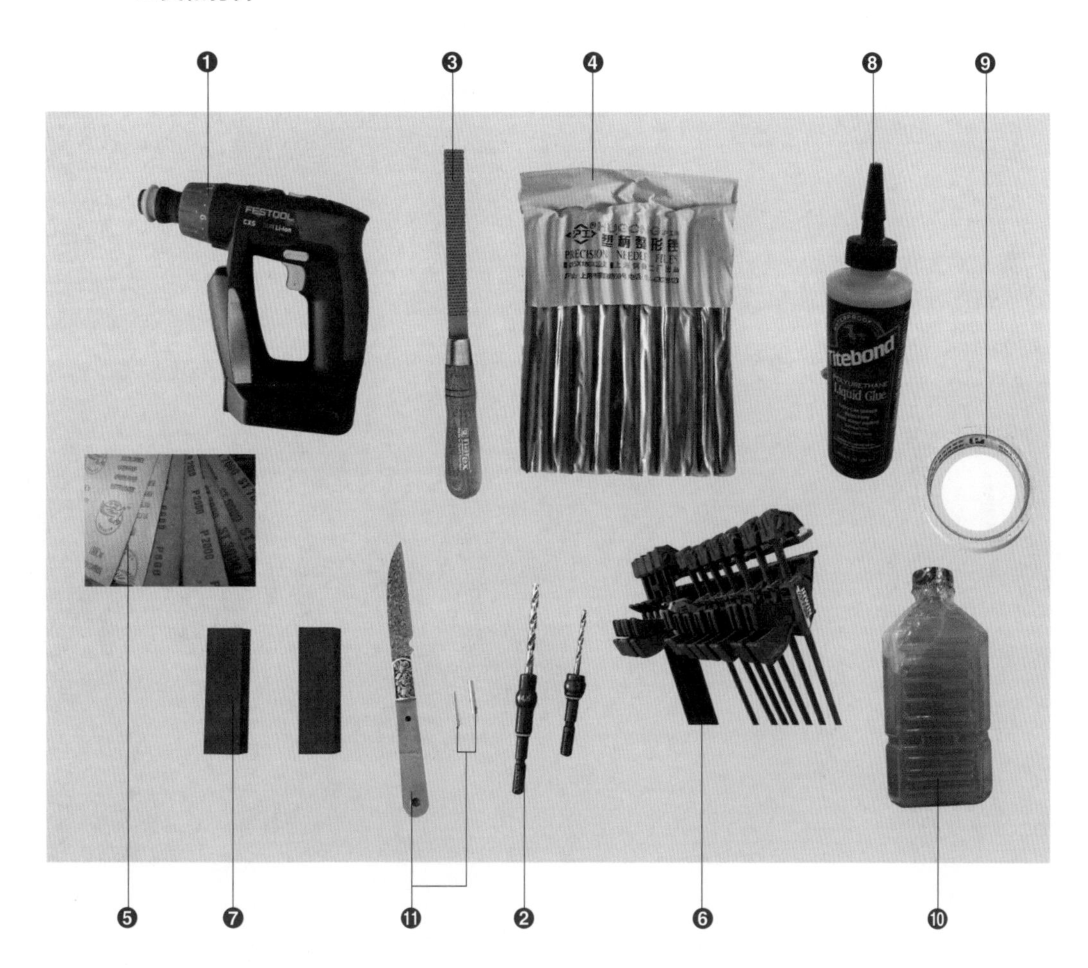

❶手电钻一把

❷钻头两只（钻头按照购买的配件尺寸确定）

❸平板锉一把

❹什锦锉一套

❺砂纸（180，240，320 目各一张）

❻快速夹

❼刀柄料两块（本案例使用紫光檀，也可以使用其他红木替代）

❽蓝莓发泡胶

❾美纹纸胶带

❿木蜡油少许

⓫茶刀配件（可购买）

制作步骤

1 取出事先准备好的木料，将刀柄放在其中的一块料上对齐。

2 装好和刀柄孔匹配的钻头，用力按住刀柄和木料钻孔。

小贴士

• 打孔时，一定要保持钻头与木料垂直，下面垫一块垫板，防止损伤工作台面。

3 两块料对齐叠放，打好孔的料放在上面，继续钻孔。确保两块木料孔位完全一致。

4 孔内涂抹蓝莓发泡胶。

5 将铜棒和铜管塞进刀柄孔内。

6 在刀柄木料上均匀涂抹蓝莓发泡胶。

7 装上刀柄。

8 继续涂胶水。

9 另一块料也要装好。

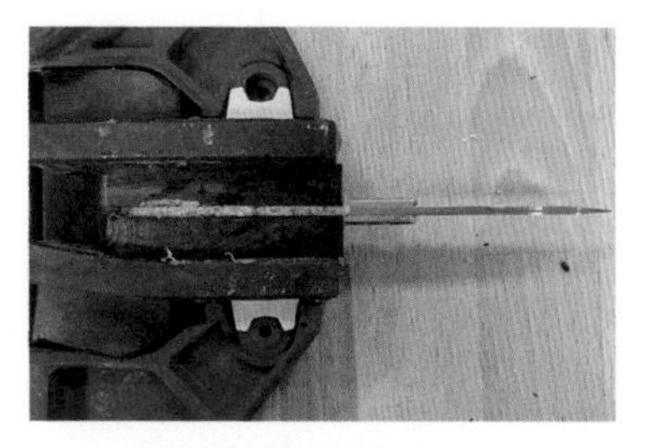

10 使用快速夹或其他夹具夹持 1 小时左右。

11 1 小时之后基本干燥，将快速夹拆下。

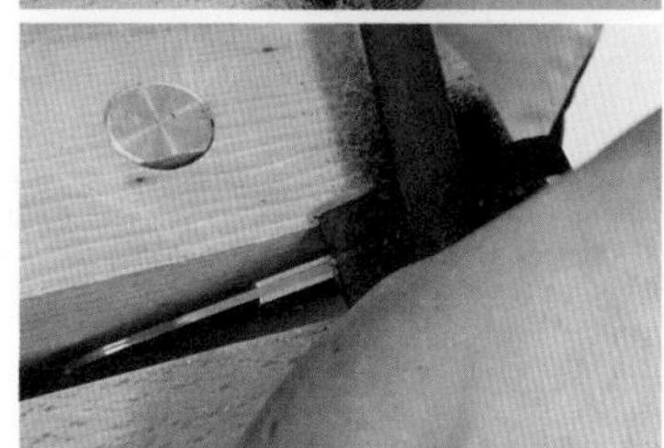

12 将工件固定在工作台上，使用锉刀开始整形。这是耗时较长的工序，要耐心、细致。

13 接口的位置，可用扁凿进行修整。

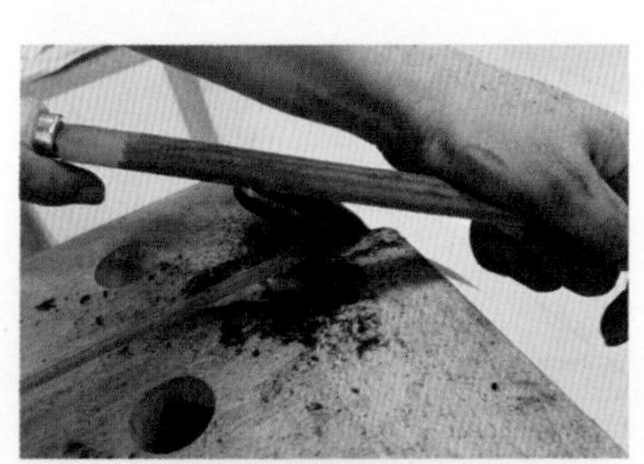

14 用锉刀继续修整。

15 基本整形完毕。

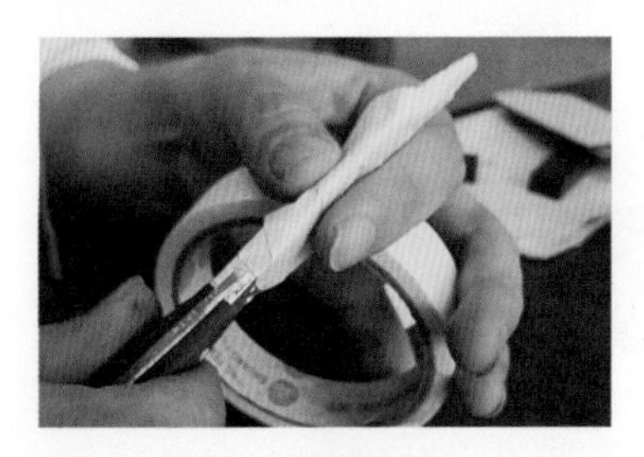

16 为了保护双手和刀刃，用纸胶带将刀刃缠住。

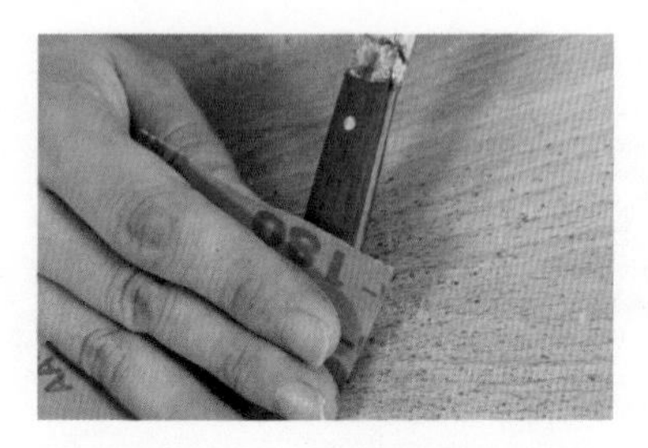

17 捏住刀刃，依次用 180，240，320 目的砂纸进行打磨。

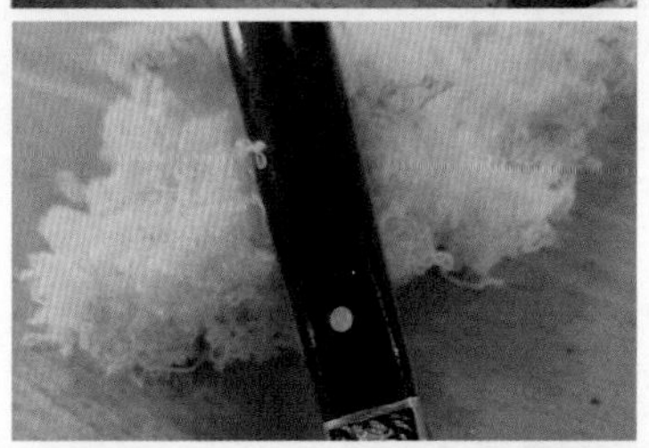

18 打磨后，使用棉布蘸取适量木蜡油进行涂抹。完成后将纸胶带拆除即可。

成品展示

复古笔记本

准备工作

工具和材料

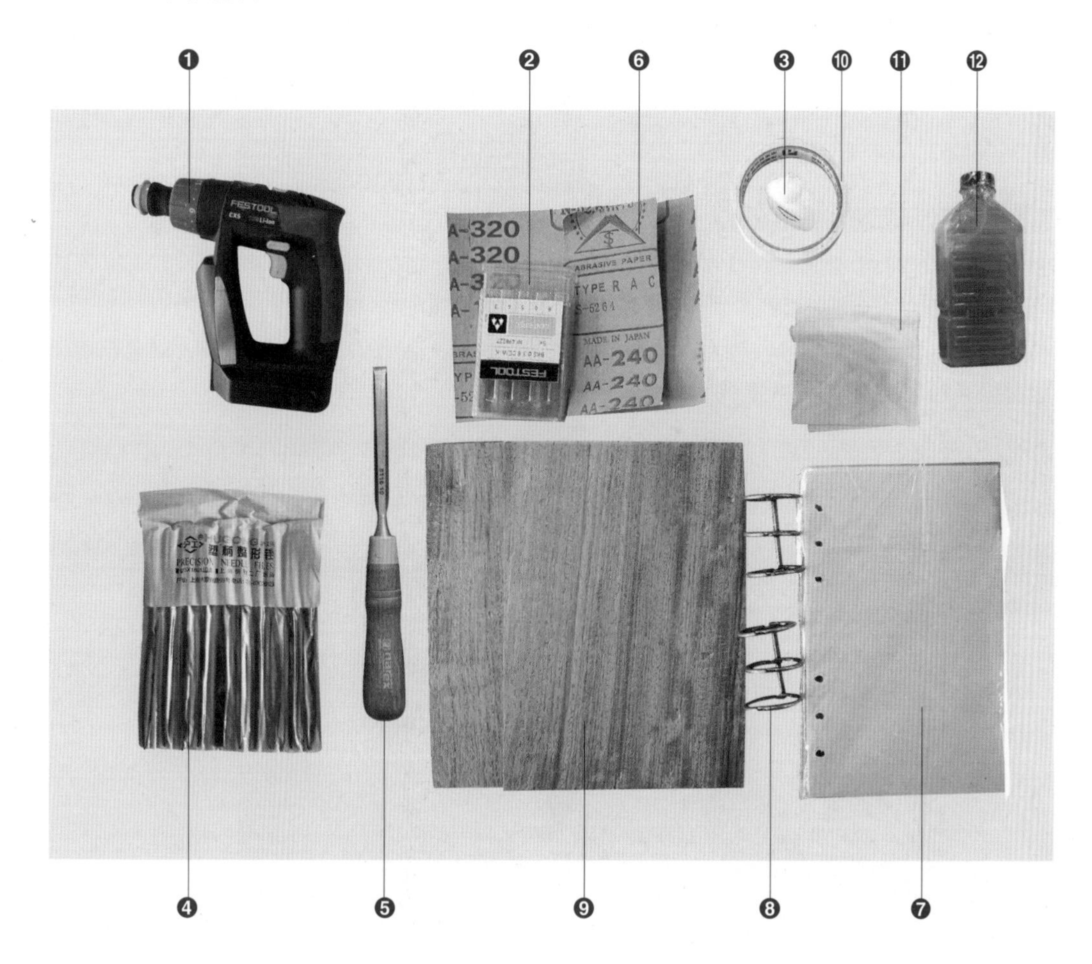

❶手电钻一把

❷钻头一根（3.5mm）

❸502 胶水

❹什锦锉一套

❺扁凿一把

❻砂纸（240，320 目各一张）

❼6 孔笔记本替芯一本（约 80 页，本例选用 B5，读者可根据个人喜好自行调整大小）

❽3 环活页圈 20mm 两个

❾木板两块（具体大小应当比选择的纸张稍大，厚度应当控制在 3mm 左右）

❿美纹纸胶带

⓫棉布一块

⓬蜂蜡或木蜡油少许

制作步骤

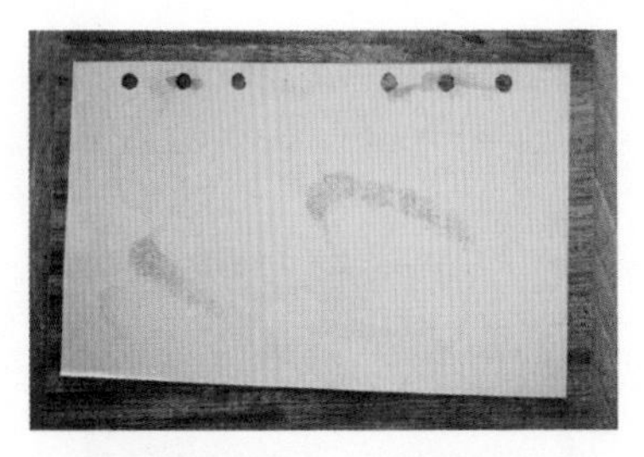

1 将准备好的笔记本替芯取出一张，使用 502 胶水粘在其中一块木板上。

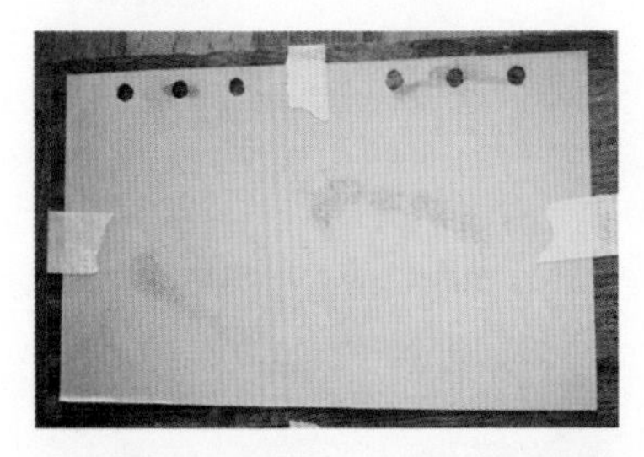

2 将两块木板重叠，使用美纹胶带纸粘在一起。

3 使用手电钻在孔眼的位置钻孔。

4 继续打孔，直至 6 个孔全部打完。

5 用扁凿修整两块木板，使它们轮廓一致。

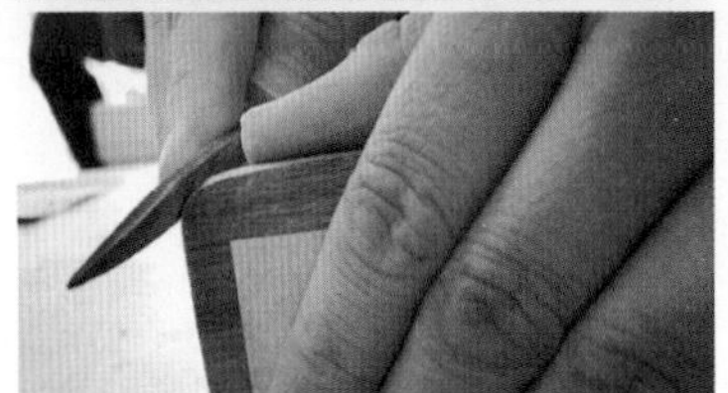

6 使用锉刀去除木板的棱角，使其造型圆润光滑。

小贴士

• 钻孔时注意压紧木料，同时，木板下面垫木料，防止损坏工作台。

7 撕掉美纹纸胶带。

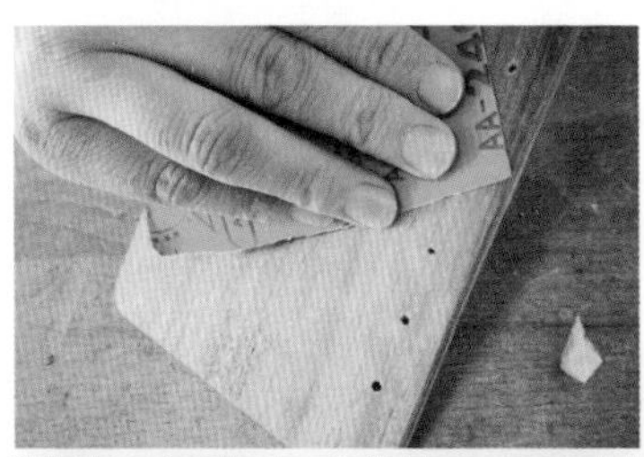

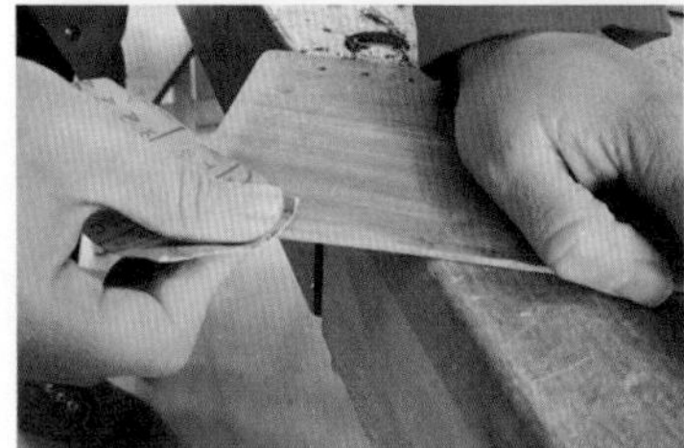

8 依次使用 240，320 目砂纸对两块木板分别进行打磨，直至表面光滑无毛刺。

9 使用棉布蘸取适量木蜡油涂抹木板。

10 涂抹完使用干布擦除多余木蜡油，并放置一段时间静待木蜡油被木材吸收完全。

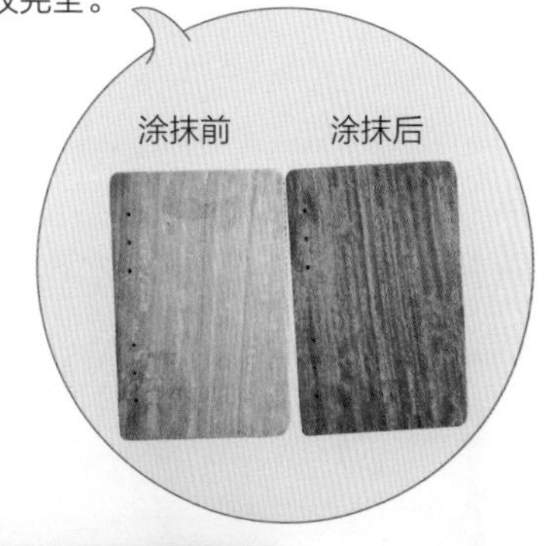

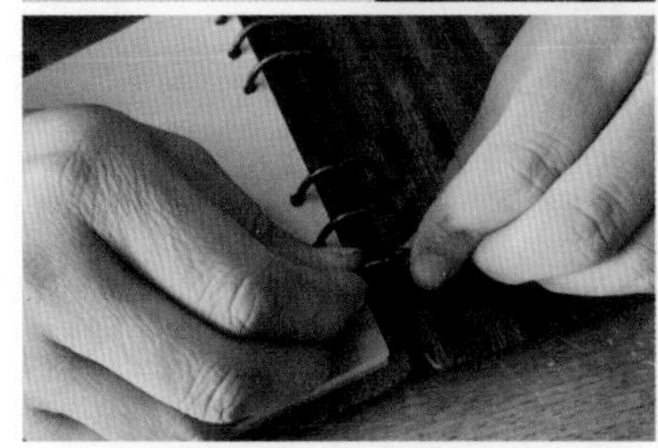

11 将活页圈穿过线圈孔，装好实木封面和内页，再扣好。复古笔记本就制作完成了。

成品展示

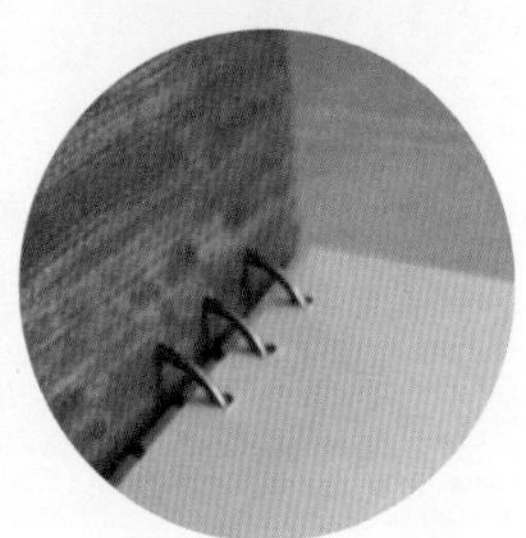

名片盒

准备工作

工具和材料

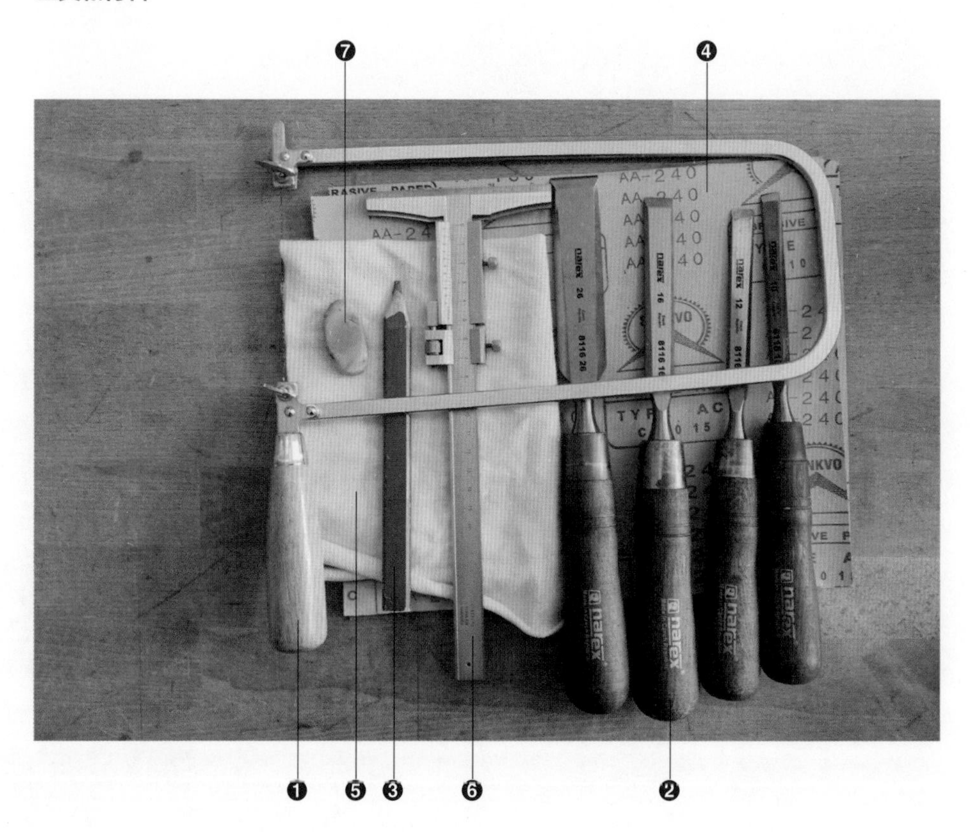

❶曲线锯一把

❷扁凿套装

❸木工铅笔

❹砂纸（240，320 目各一张）

❺棉布一块

❻木工尺一把

❼橡皮

其他：90mm × 55mm × 22mm 木料一块（若制作随形的名片盒，则保证木料宽度为 90mm 即可），食用油少许

制作步骤

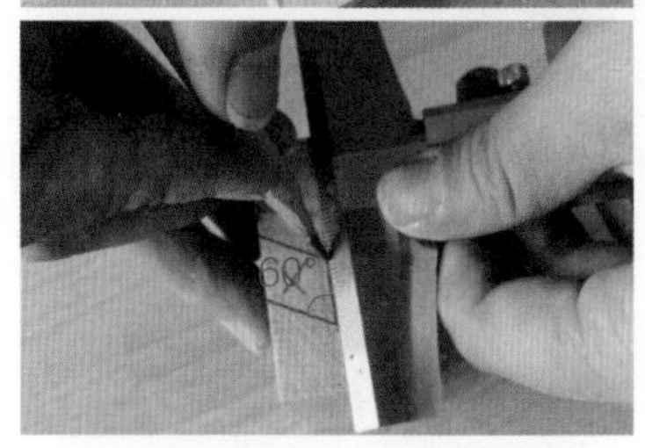

1 取出事先准备好的木料，使用木工铅笔和尺子在木料上画线。

2 锯切的部分用“X”标识。

3 用曲线锯进行切割。

4 用扁凿进行修整。

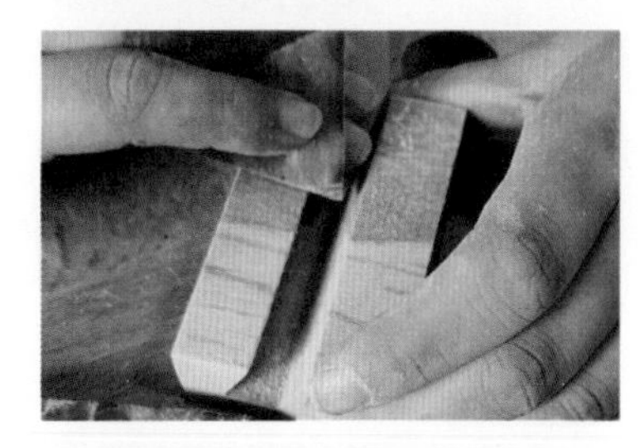

5 修整后使用砂纸进行打磨。

6 涂抹适量木蜡油。

成品展示

玫瑰花

解锁七夕过节新模式，
和家人共同制作一朵永不凋谢的玫瑰花，
来作为节日的礼物吧。

准备工作

工具和材料

❶ 长刨一把（可不用）

❷ 剪刀一把

❸ 喷水壶

❹ 热熔胶胶枪

❺ 松木一根（用于制作木皮）

❻ 热熔胶棒

❼ 干树枝（大小、粗细可根据要制作的玫瑰花大小来确定）

小贴士

• 若不会使用长刨，又想尝试本例的读者可直接购买厚度为 0.2mm 左右的天然木皮来制作，市场上有多种木皮种类和花色可供选择。

制作步骤

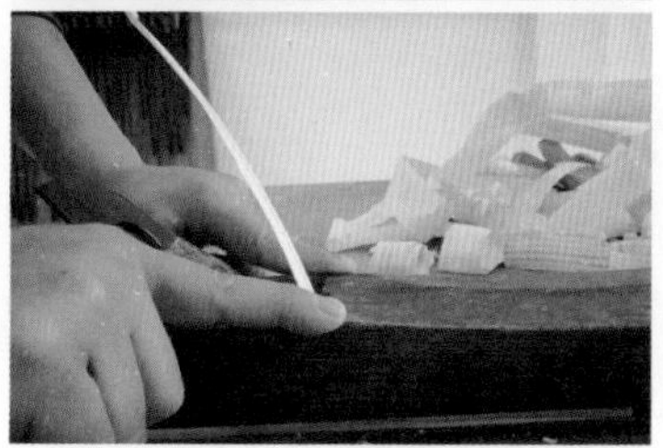

1 取出事先准备好的松木，夹持在工作台上，用长刨推出刨花。

2 选用形状较为规整的刨花。

3 使用喷水壶喷水，将刨花打湿。

小贴士

• 推刨前要先磨好刨刃，确保刨刃足够锋利，并调校到合适的厚度。若没有手工基础的读者，可以自行略过此步骤，直接购买成品木皮即可。

• 喷水的目的在于刨花湿润后不容易裂开，更容易进行加工。

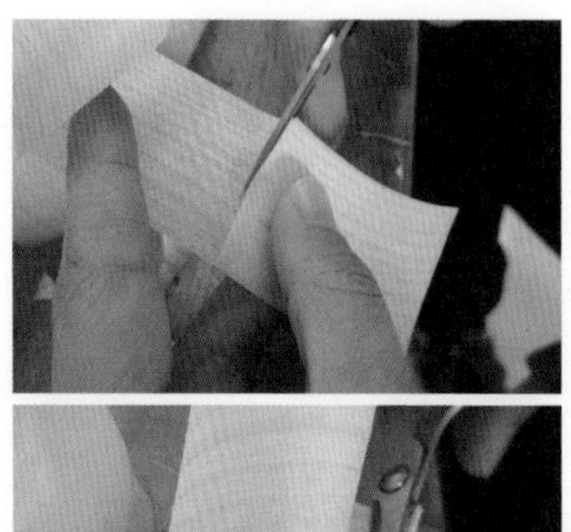

4 将刨花剪为小块。

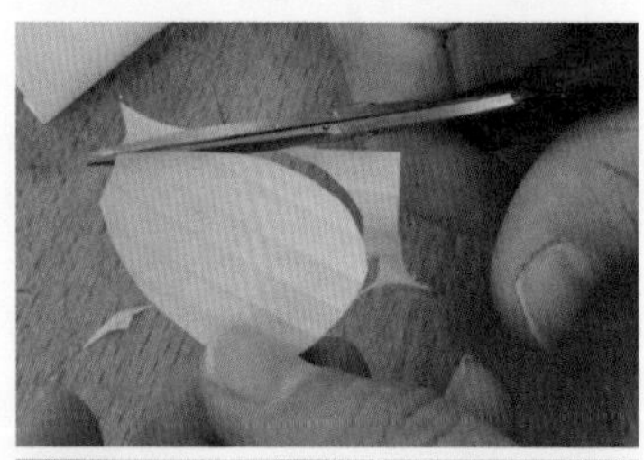

5 修剪出花瓣的形状，并在花瓣的根部剪一个小口。

6 按照同样的方法继续修剪。

7 插上热熔胶枪，等待几分钟后热熔胶开始融化。

小贴士

• 根据自然形态，花瓣应当有大有小，切不可所有的花瓣都同样大小。

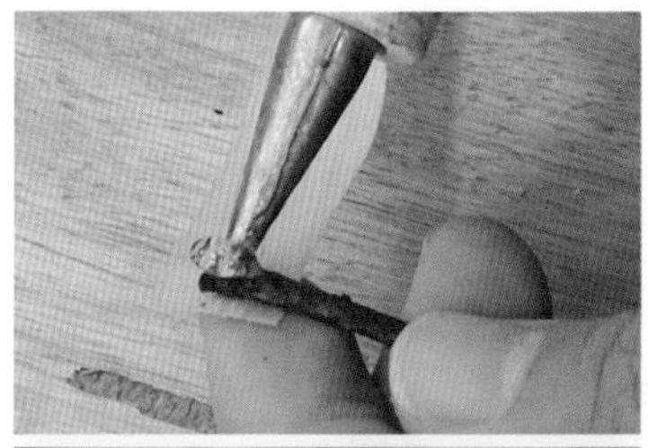

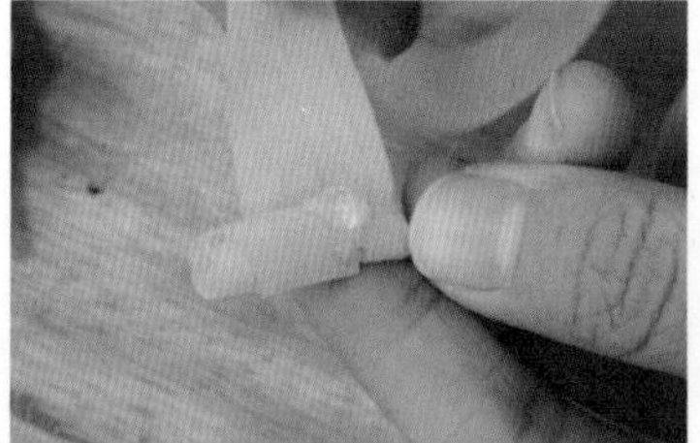

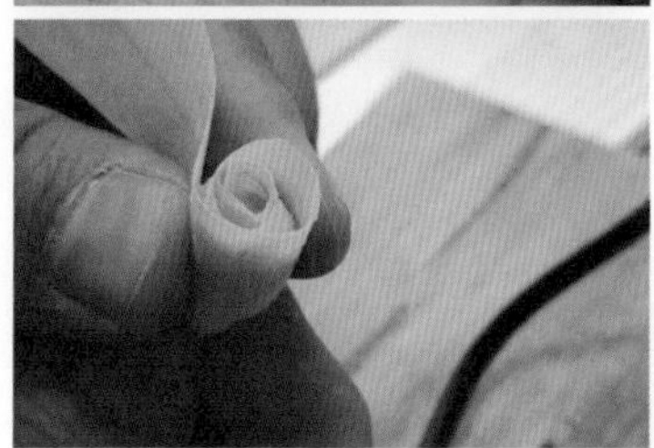

8 取一根刨花撕成细细的一条，用热熔胶固定在树枝顶端，并缠绕成花苞的形状，然后剪断。

小贴士

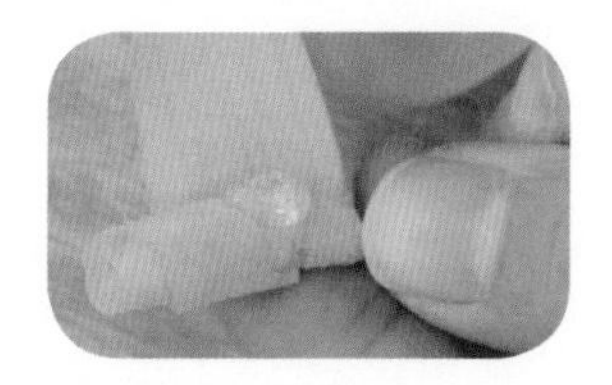

• 制作花苞时，每缠绕一圈都要施胶，并压紧。注意花苞的层叠形状。

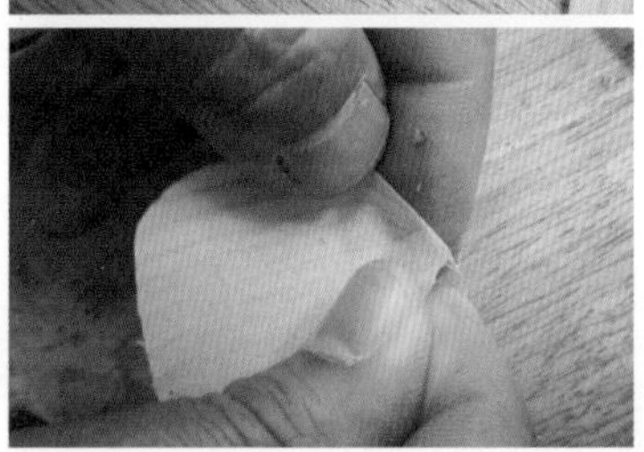

9 花苞制作完成后，开始制作花瓣。花瓣根部小口一侧点胶，用另外一侧压紧。

10 将多余的部分剪除，修整好花瓣的形状。

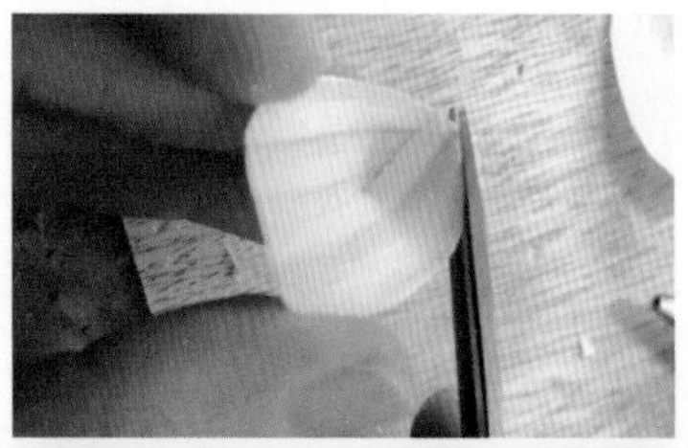

11 重复步骤 9 和步骤 10，做好所有的花瓣。

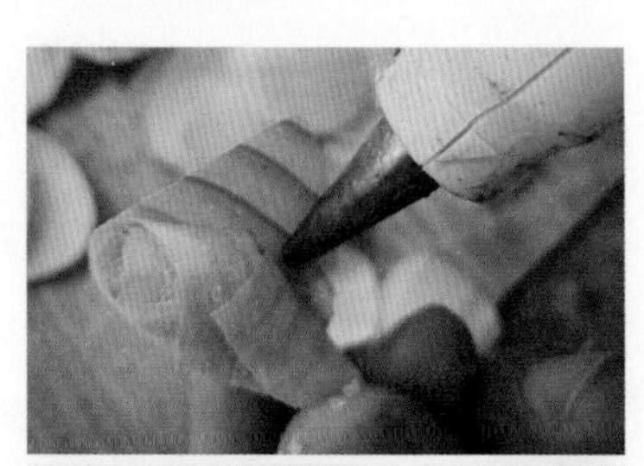

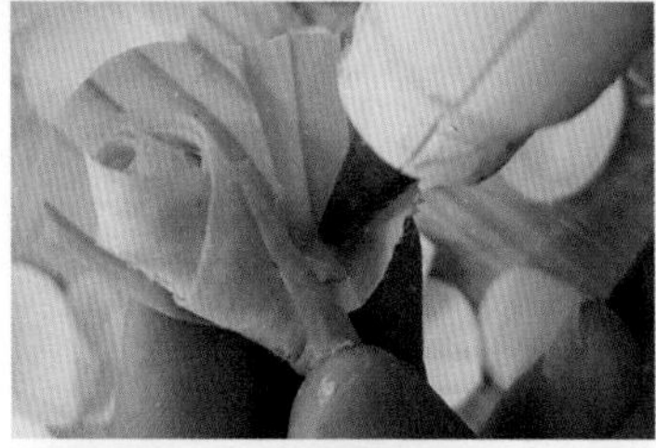

12 将花瓣粘在花苞上，每一层 4~6 瓣。

13 第一层结束后，紧接着选取稍大一些的花瓣粘第二层。

14 继续粘，一直粘到满意的效果即可。

小贴士

• 制作好的花瓣应当是稍微内扣的形状。

• 每个花瓣要压住前面的花瓣一些才显得更为自然。

成品展示

饰品

手镯

时光若水，无言即大美。
日子如莲，平凡即至雅。
温润绕腕，心暖向阳，
人生便是四季如春，花开不败。

准备工作

工具和材料

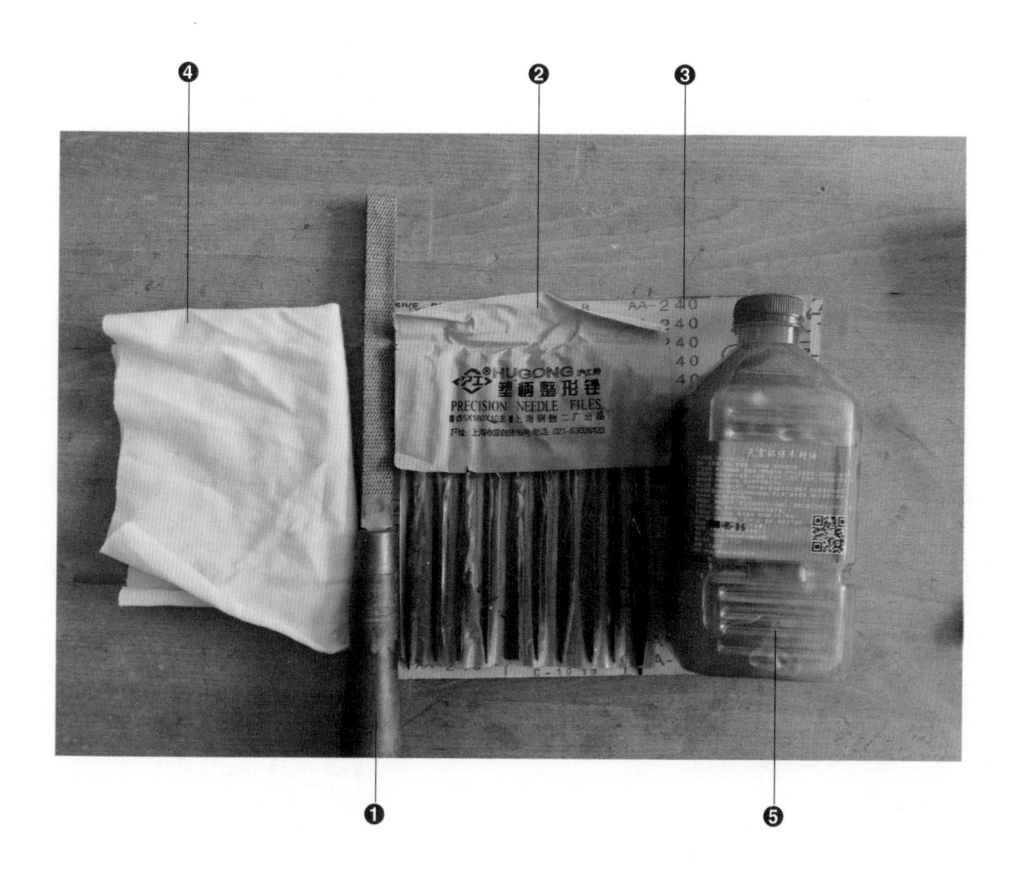

❶平板锉一把

❷什锦锉一套

❸砂纸（180，240，320，600，800，1200，1500 目各一张）

❹棉布一块

❺木蜡油少许

其他：手镯料一件（网店可以直接购买）

制作步骤

1 取出事先购买的手镯料，夹持在工作台上。

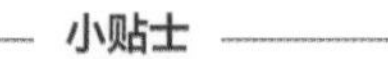

小贴士

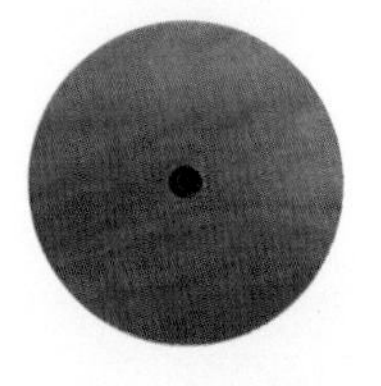

• 手镯心的料千万不要丢掉，可以留着做下一个小件——平安扣。

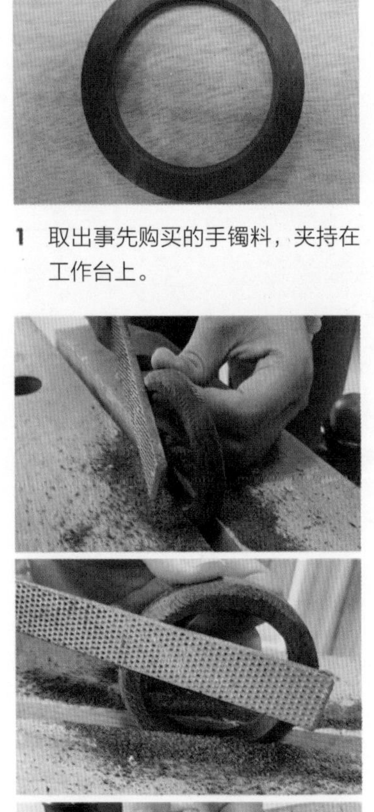

2 用平板锉修整手镯的外形。

3 为了使内部更好贴合弧线，可以更换圆形的木锉。

4 及时更换锉刀，保证加工的精细度。

小贴士

• 这一阶段耗时较多，一定要耐心、细致。打磨时，应一手捏紧手镯，一手打磨，防止手镯断裂。当然，万一不小心断裂，可以参考滴胶吊坠的做法，制作一个滴胶手镯也是一个不错的主意。

• 铁杵总能磨成针，一定要有耐心。操作过程中，可以使用纸胶带、创可贴等材料来保护手指，也可以直接购买手指套。

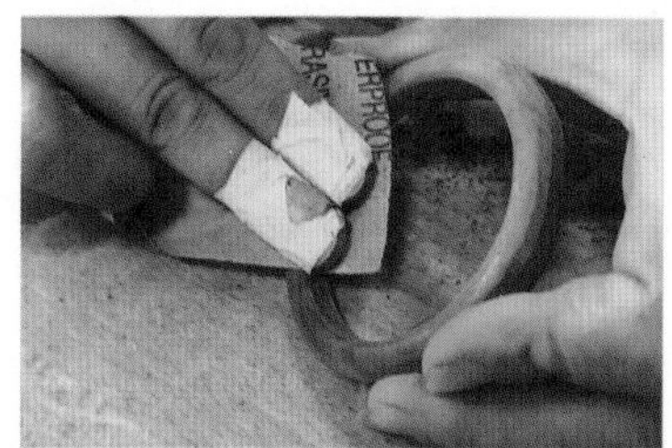

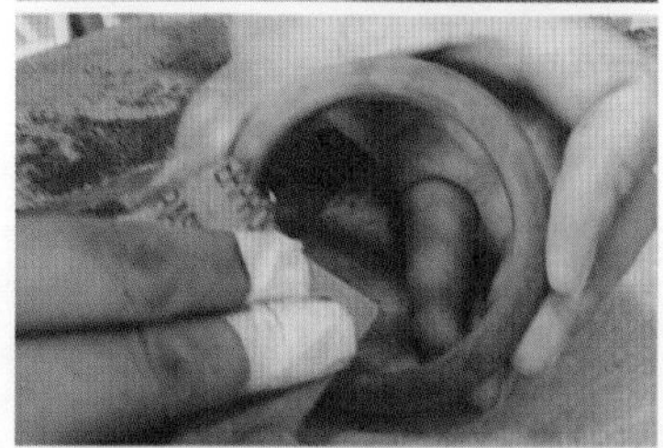

5 使用 180 目的砂纸做最后的整形，使手镯弧线圆润流畅。

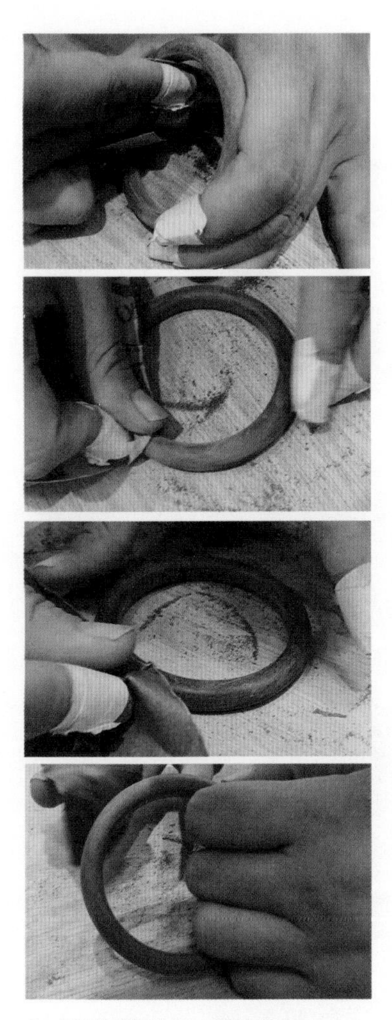

6 及时更换砂纸，继续打磨。

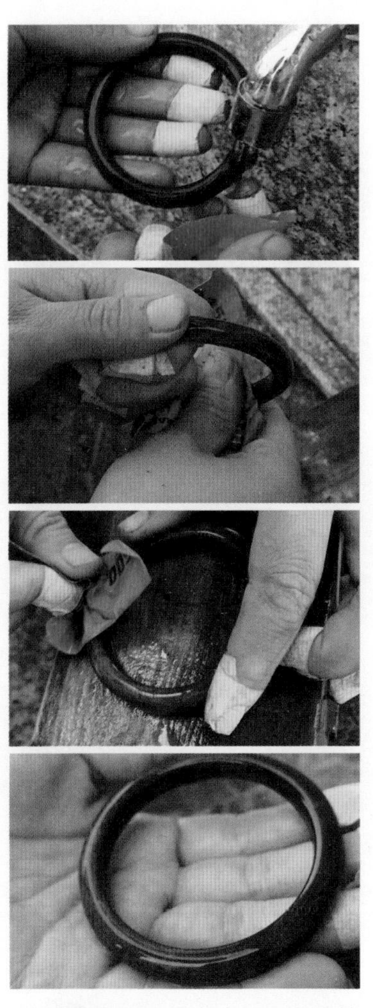

7 打磨到 600 目左右，可以开始水磨。

8 干燥后涂上木蜡油即可。

小贴士

• 水磨依然按照砂纸的粗细，600，800，1000，1200，1500 目依次打磨，直到满意为止。

成品展示

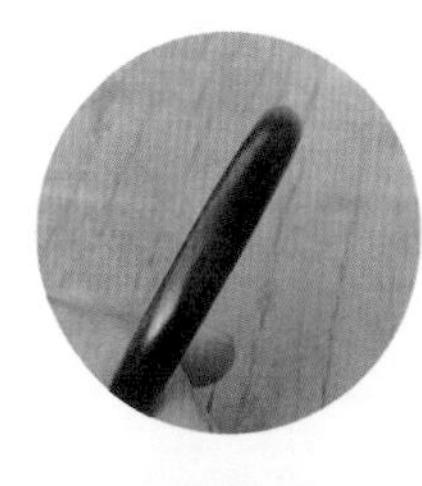

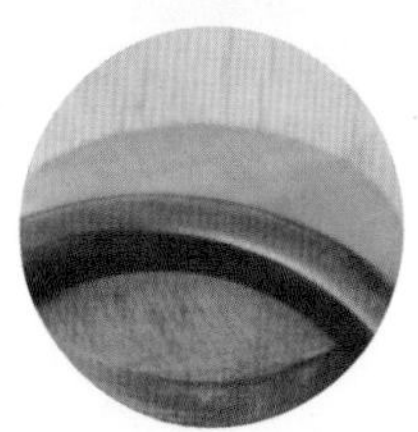

平安扣

外圆天地辽阔，内圆宁静致远。
做一枚平安扣，佑亲友平安。

准备工作

工具和材料

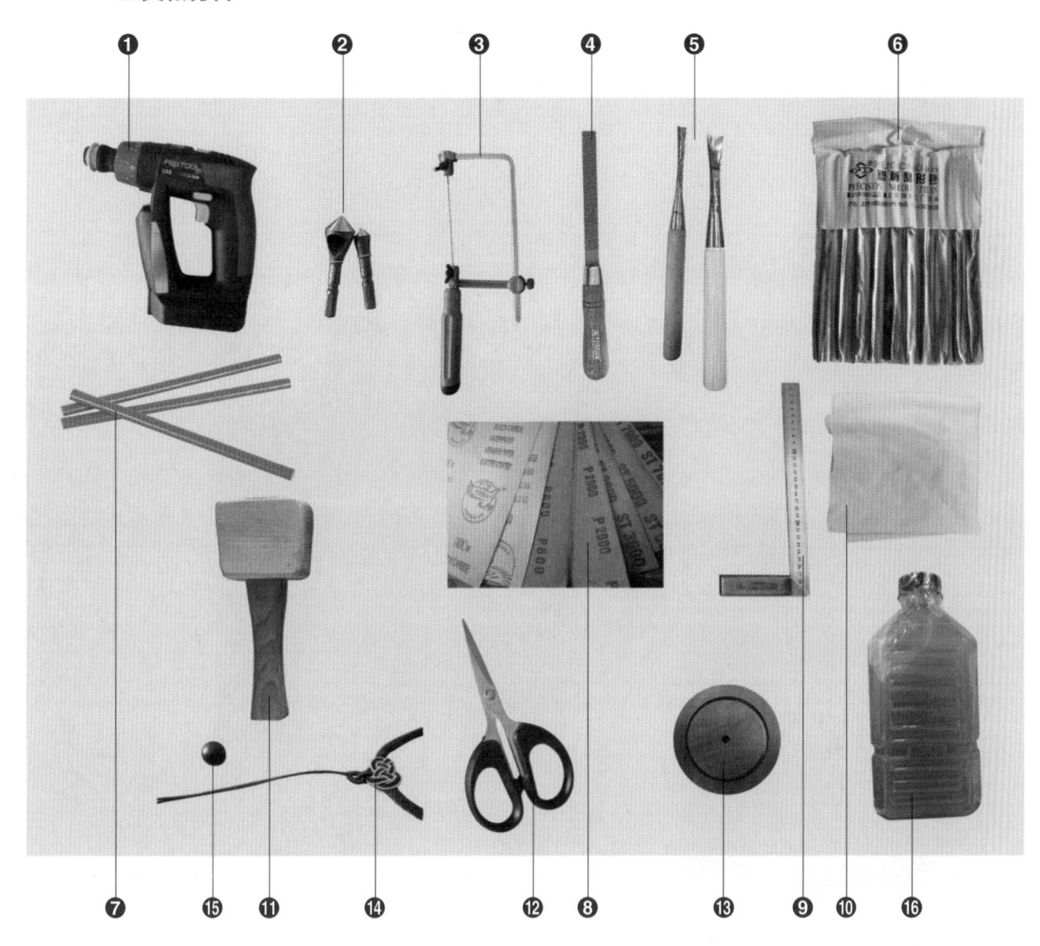

❶手电钻一把

❷沉孔钻头

❸曲线锯一把

❹平板锉一把

❺圆弧刀两把（一大一小）

❻什锦锉一套

❼木工铅笔

❽砂纸（120，240，320，400，600 目各一张）

❾直角尺一把

❿棉布一块

⓫木槌一把

⓬剪刀一把

⓭手镯芯料一块

⓮成品吊坠绳一根

⓯佩珠一个（直接购买即可）（直径 8mm）

⓰木蜡油少许

其他：打火机

制作步骤

1 取出事先准备好的木料，准备好手电钻和沉孔钻头。

2 安装好沉孔钻，在工件两面打沉孔。

3 将工件夹持在工作台上，使用平板锉修整外形。

4 换个方向进行夹持，修整。

5 使用圆弧刀修整弧线。

6 另一面使用同样的方法制作。

7 下面开始打磨，使用 120 目的砂纸进行打磨。

8 把砂纸卷在圆形锉刀或者其他合适的工具上，打磨中间的圆孔。

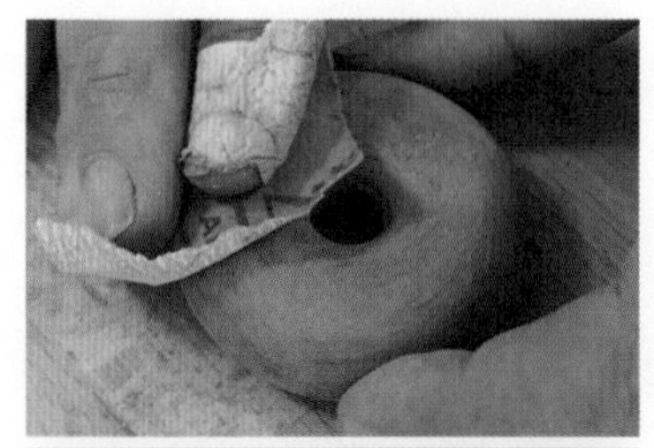
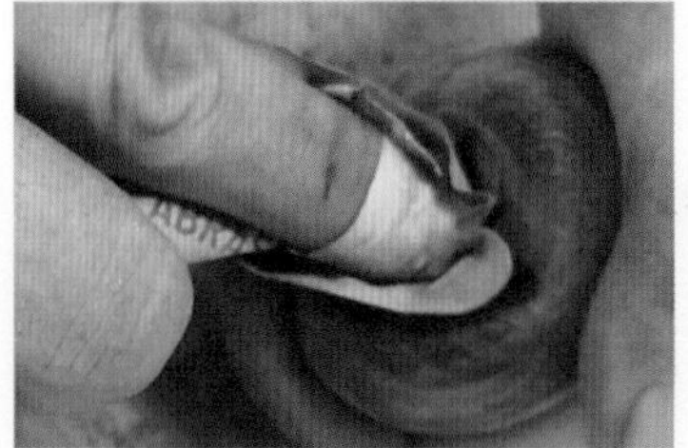
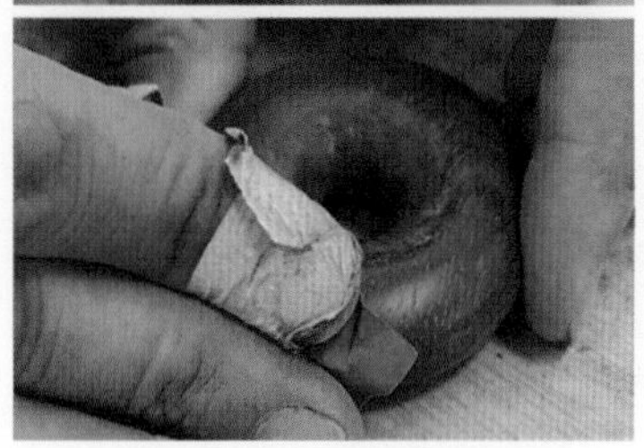

9 依次用 240，320，400，600 目的砂纸打磨。

10 打磨光滑后，涂抹木蜡油。

11 取出成品的配绳和串珠，串珠直径为 8mm，将串珠穿在配绳上。

12 绳子穿过中心并打结。

13 剪断多余的绳子，并用打火机烧一下。

成品展示

小鱼梳

结发同心，以梳为礼。
赠手作梳子一把，愿青丝白发与君相守。

准备工作

工具和材料

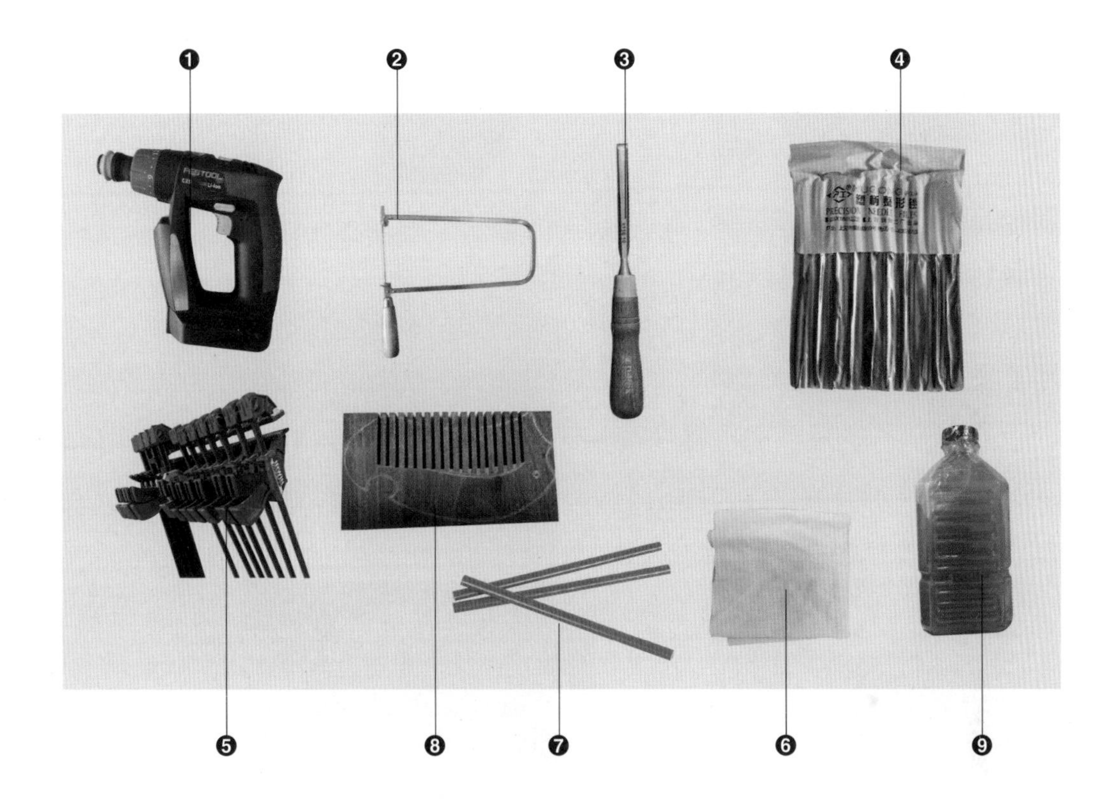

❶手电钻一把

❷曲线锯一把

❸扁凿一把

❹什锦锉一套

❺快速夹

❻棉布一块

❼木工铅笔

❽梳子木料一件（可以直接购买）

❾木蜡油少许

其他：砂纸（180，240，400，600，800，1000 目各一张）

制作步骤

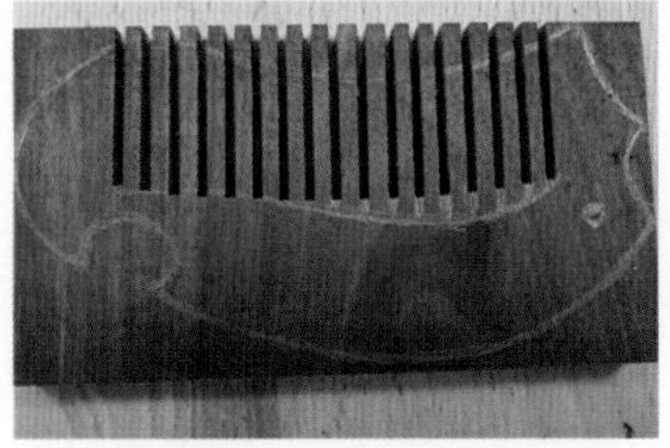

1 取出事先准备好的梳子木料，在木料上绘制出小鱼的形状。

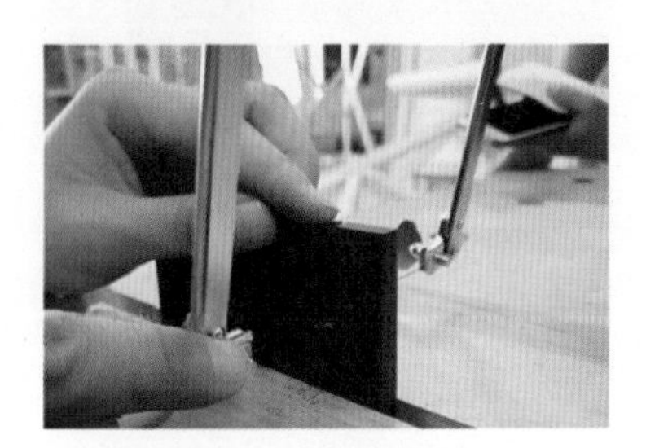

2 使用曲线锯，沿线切割。

3 梳齿也同样使用曲线锯切割。

小贴士

• 如果喜欢其他的造型，也可以根据自己的心意绘制想要的形状。

• 本例提供图纸。

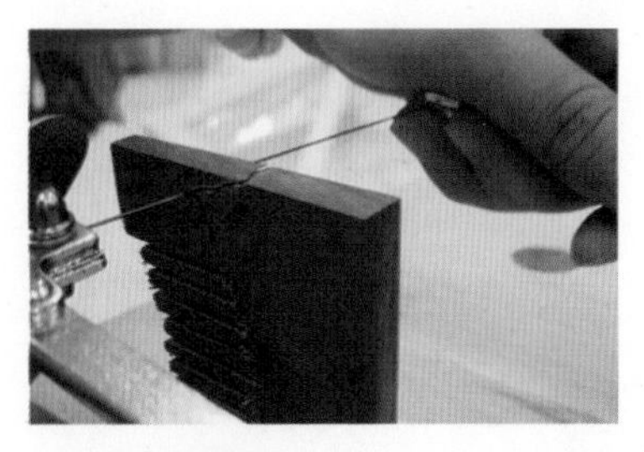

4 锯外轮廓线。

5 换个方向夹持，进行切割。

6 继续切割。

7 用手电钻在鱼眼睛的位置打孔，下面注意垫木块。

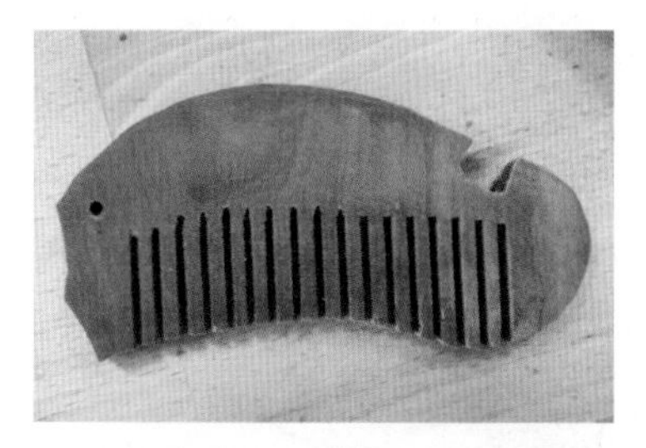

8 打孔完毕，已经基本可以看出梳子的形状。

9 将木料夹持在工作台上，使用圆形锉刀打磨内凹部分。

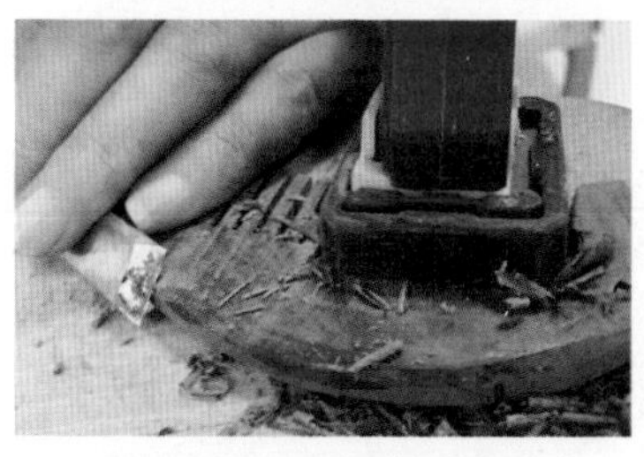

10 用快速夹将木料水平固定在工作台上，使用扁凿修整梳子的造型。

11 修整时，主要梳齿的形状应当圆润，耐心、细致地一个一个修整。

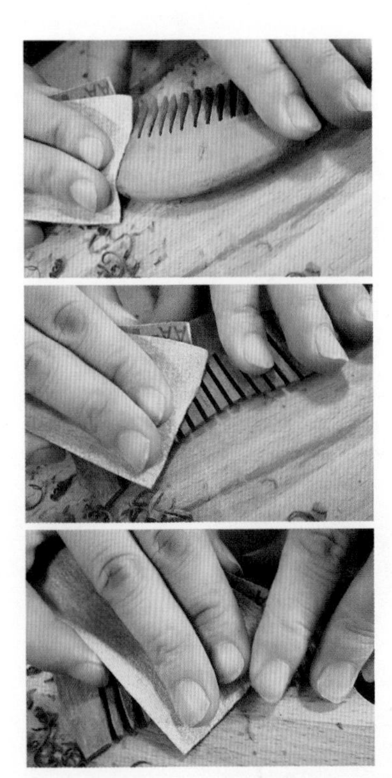

12 使用 180 目的砂纸打磨梳子的外形。

13 将木料夹在工作台上，180 目砂纸叠成条来回打磨，尤其注意梳齿根部的造型。

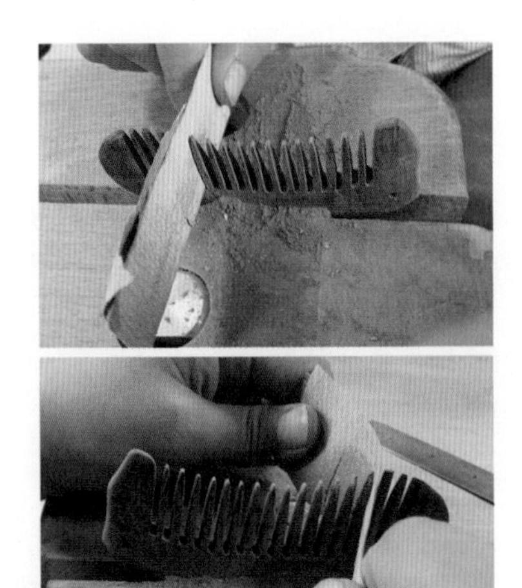

14 更换 240 目砂纸进行打磨。

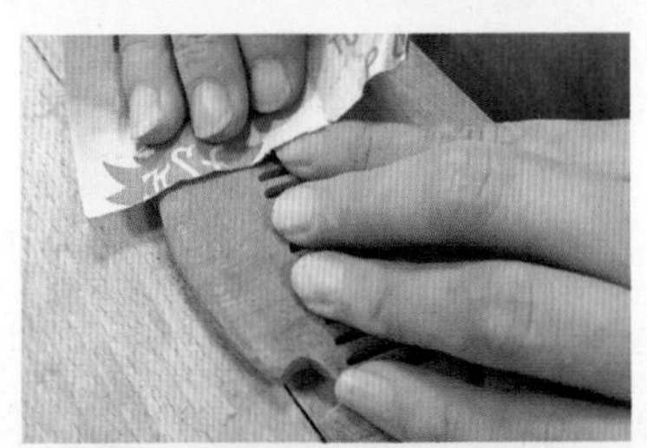

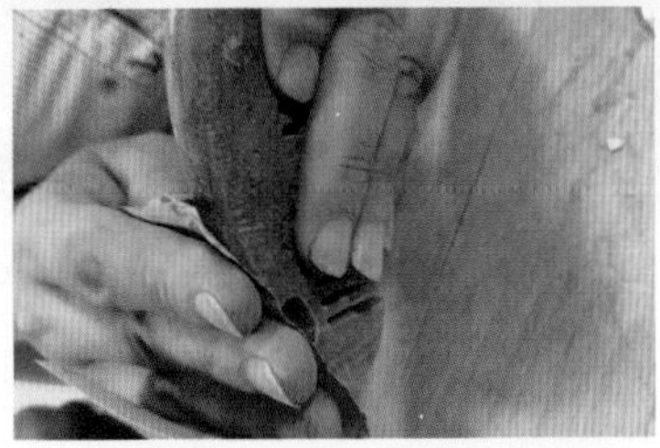

15 使用 400 目砂纸进行打磨。若想要追求更好的手感，可以继续使用 600，800，1000 目甚至更高目数的砂纸依次进行打磨。

16 打磨完毕，用棉布蘸取木蜡油进行涂抹即可。

成品展示

滴胶吊坠

准备工作

工具和材料

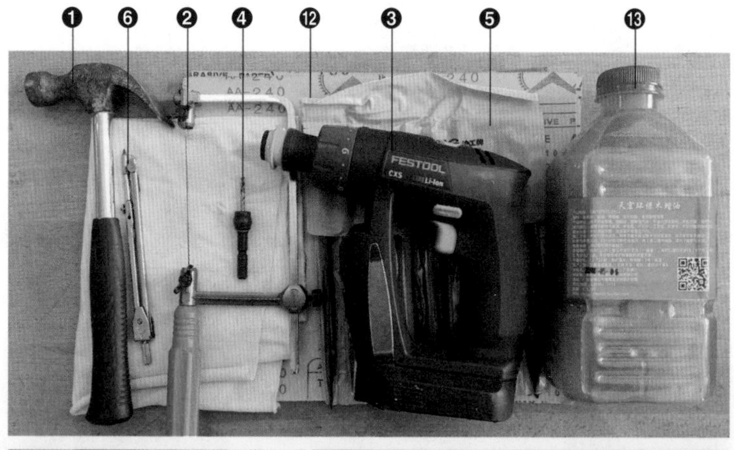

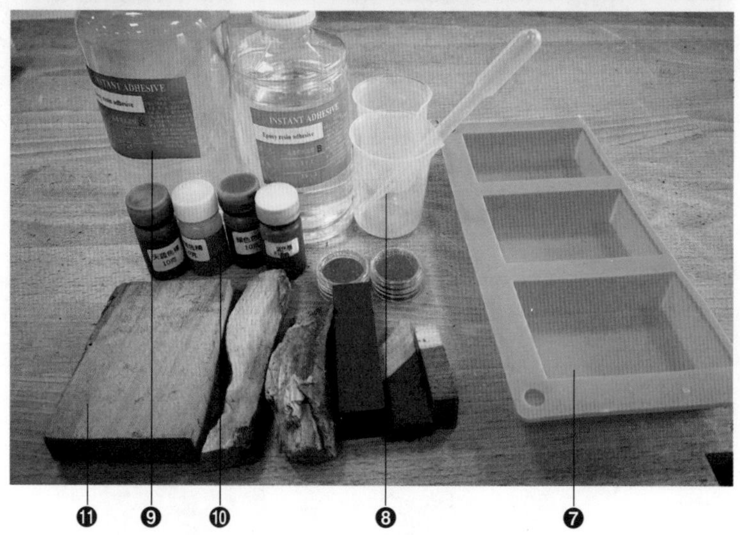

❶铁锤一把
❷曲线锯一把
❸手电钻一把
❹钻头一根（3.5mm）
❺什锦锉一套
❻圆规一个
❼滴胶模具一件
❽量杯
❾环氧树脂胶一组
❿色精（根据个人喜好选择合适的颜色）
⓫红木小料若干
⓬砂纸（240，400，600，800，1200，1500，2000，3000目各一张）
⓭木蜡油

其他：剪刀，绳子，引线，打火机，牙膏少许，6mm装饰圆珠，成品吊坠挂绳

制作步骤

1 选择合适的木料。因为要制作断面的效果，所以选择了较大的一块来制作。

2 将木料夹在工作台上固定好，使用曲线锯在两侧锯出缺口。

3 使用铁锤猛力锤击，使木料断裂，形成断面。

4 将断裂后的木料放入模具中。

5 按照产品说明中的体积比，分别将环氧树脂胶 A 和 B 倒入量杯，反复搅拌，直至均匀，无气泡。

6 打开色精，向量杯中滴入想要的颜色，一定要控制用量，不宜太多。滴入色精后继续搅拌均匀。

7 将调配好的胶水倒入模具，静置24 小时，等待凝固。

8 放入模具 24 小时后取出。

9 因为要制作的是正圆形吊坠，所以用圆规画出大概的图形。

10 用夹具夹持好工件，使用曲线锯锯出形状。

11 使用锉刀修整吊坠的外形。

小贴士

• 可以选择加入闪粉、花瓣或者其他东西，来达到你想要的效果。

• 胶水凝固后表面光滑不容易绘制，可以先用粗砂纸大概粗磨一遍，再进行画圆。

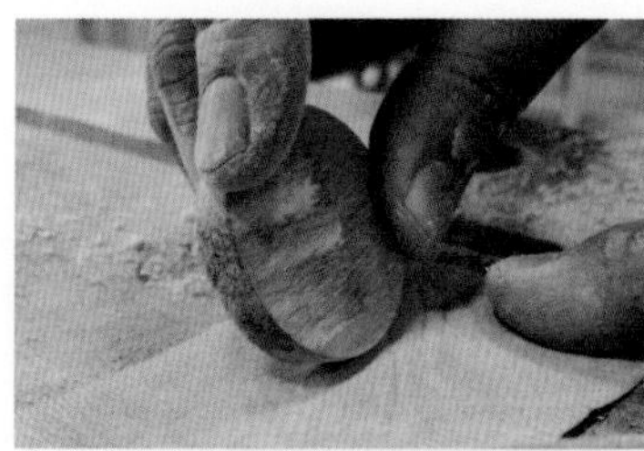

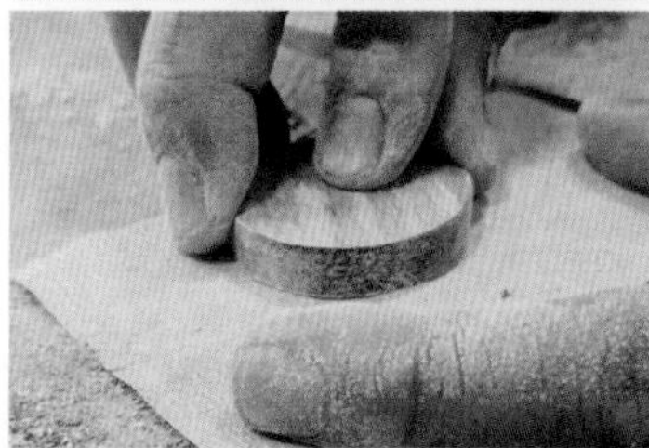

12 用 240 目砂纸继续修整，打磨，直至磨到想要的形状。

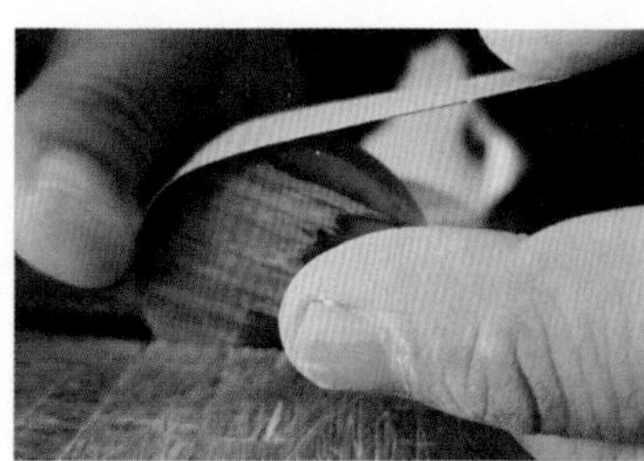

13 依次使用 400，600，800 目砂纸继续打磨。

小贴士

• 钻孔时应注意手电钻与工件保持垂直，下面垫板，防止钻孔时损伤工作台面。

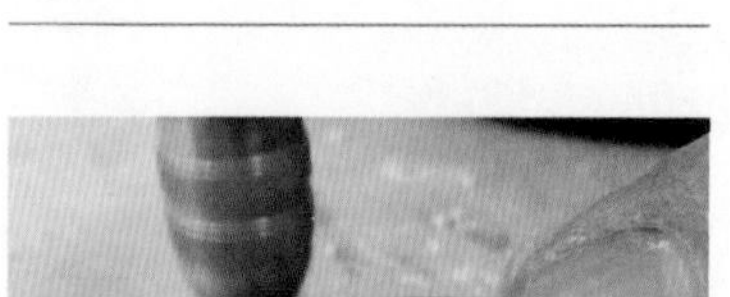

14 选择合适的钻头进行打孔，孔的大小和吊坠的大小相适应即可，没有严格的限制。

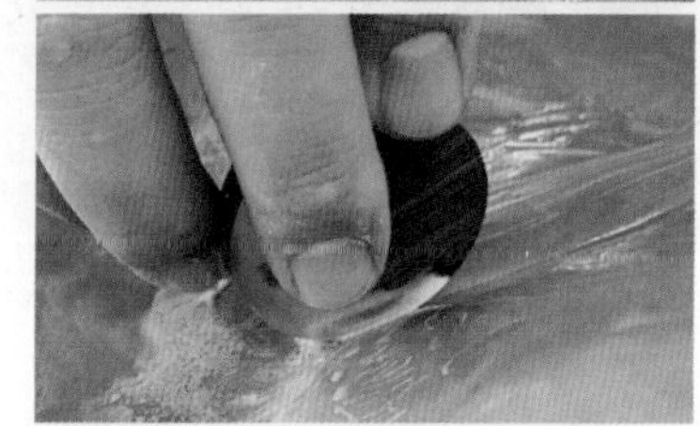

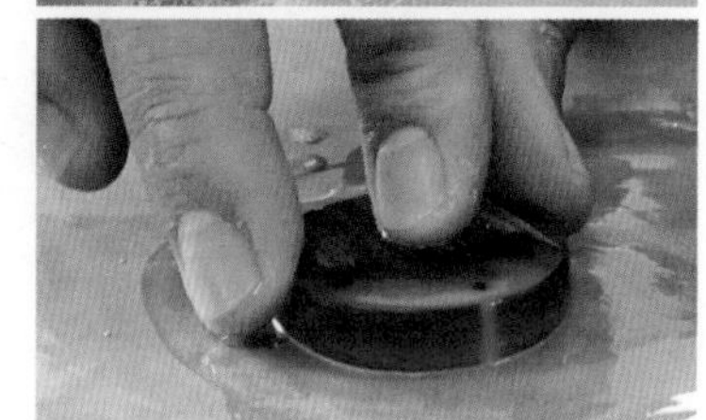

15 打孔后，依次使用 1200，1500，2000，3000 目砂纸进行水磨。

小贴士

• 沾水打磨，可以使吊坠更加光滑细腻。

• 如果想要更好的效果，可以依次使用 5000，7000 目砂纸继续进行打磨抛光，也可使用棉布蘸取牙膏或专业抛光膏反复揉搓、擦净，以达到镜面效果。

16 使用3000目砂纸砂磨的效果。打磨抛光完成后，穿上挂绳即可。

成品展示

玩具

飞机

飞机的制作步骤非常简单，
有条件的读者可以和小朋友们来共同制作，
享受温馨、独特的亲子时光。

准备工作

工具和材料

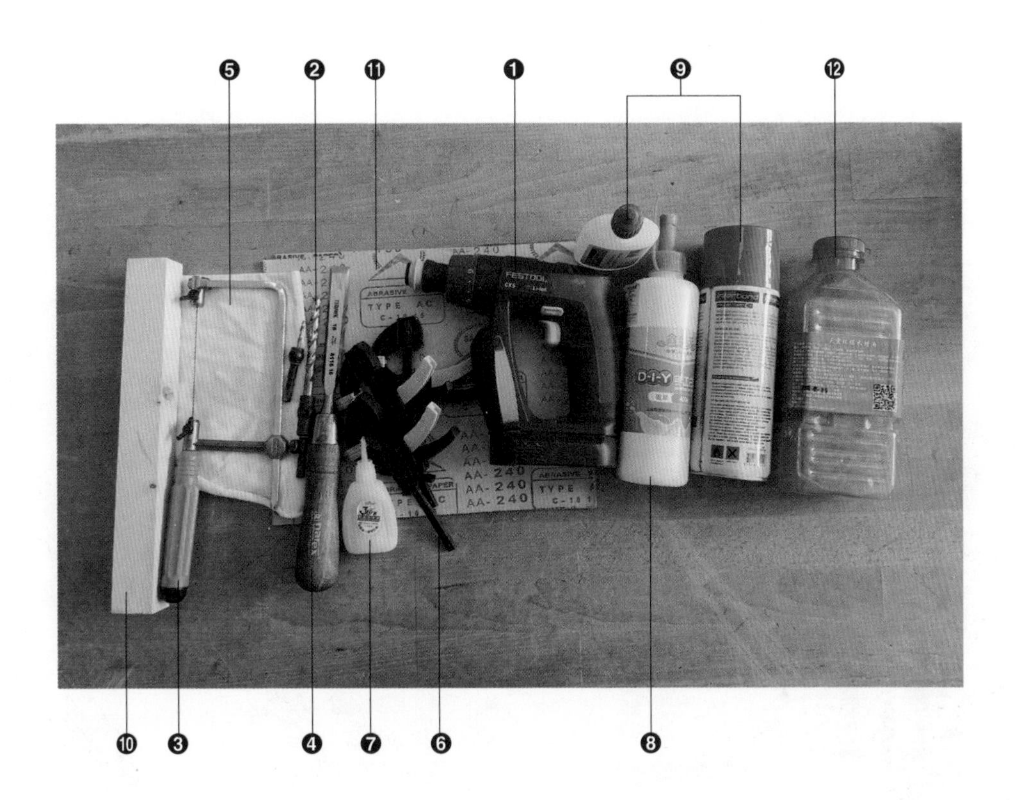

❶手电钻一把

❷钻头 2 根（8mm、3mm）

❸曲线锯一把

❹扁凿一把

❺棉布一块

❻小型快速夹 4 个

❼502 胶水

❽木工胶

❾双组分快干胶

⓾垫木一块（垫木长度应当大于飞机成品的长度）

⓫240 目砂纸

⓬木蜡油少许

其他：红檀香木料两块（厚度一块为 16mm，一块为 4mm）

制作步骤

1 选取两块合适的木料，一块16mm 厚的作为机身的材料，一块 4mm 厚的用来制作飞机的翅膀和尾翼。

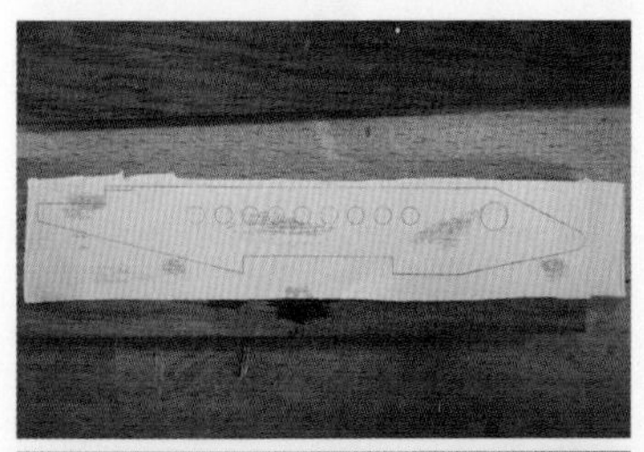

2 将随书附赠的图纸分别剪下来，使用 502 胶水粘在木料上。

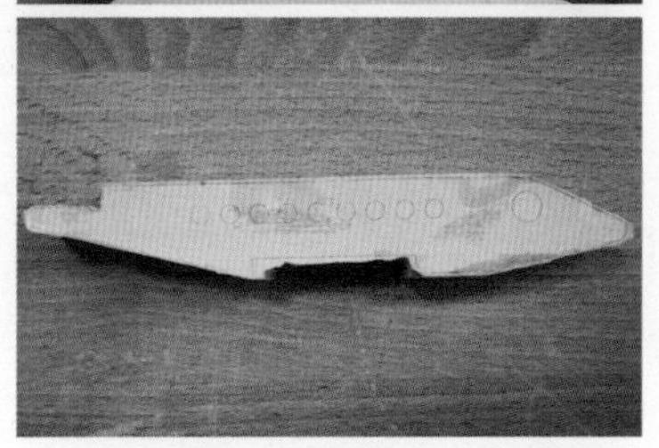

3 将木料夹在工作台上，使用曲线锯沿轮廓线锯出机身的形状。

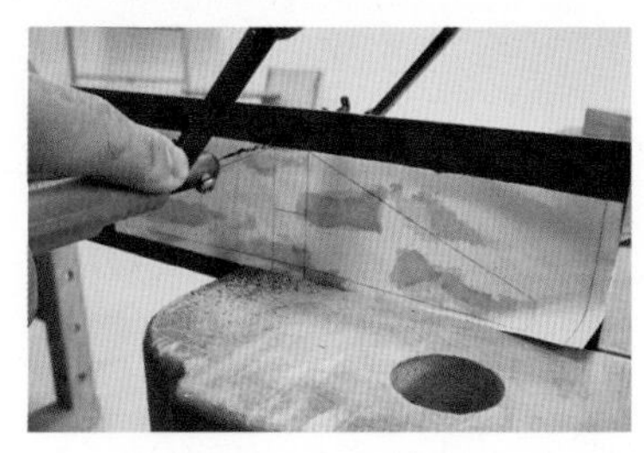

4 机翼和尾翼的水平稳定面和垂直稳定面也是使用同样的方法锯制。

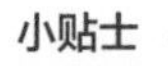

小贴士

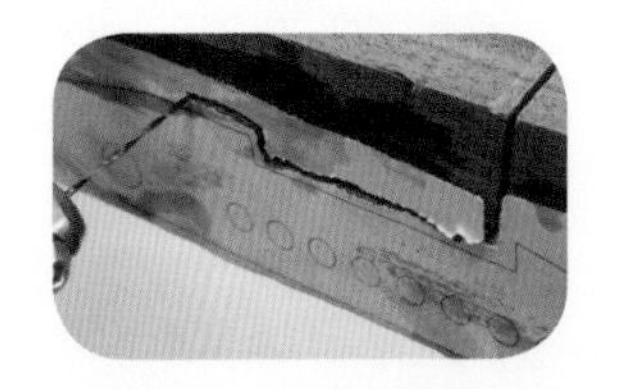

• 为确保精度，使用曲线锯时，可以多保留一点余量，然后再进行修整。

5 按照图纸标注直径给手电钻安装合适的钻头，在孔眼的位置钻孔，直至所有孔全部打完。

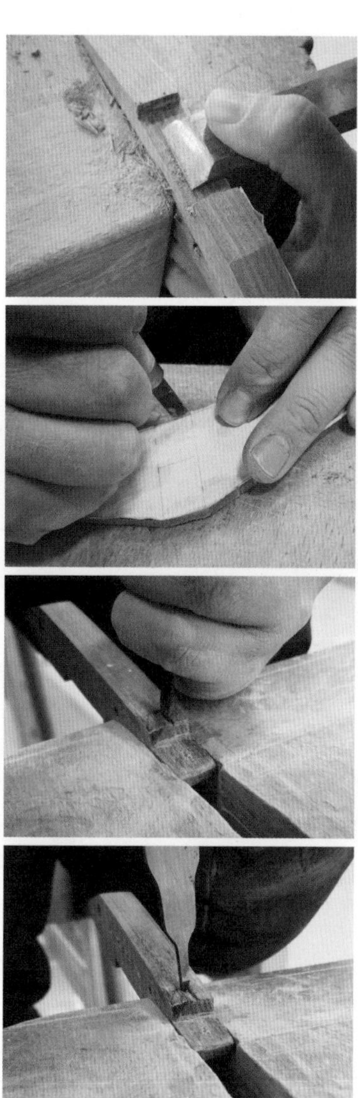

6 用合适型号的扁凿分别对部件进行修整，并根据图纸尺寸制作出凹槽。

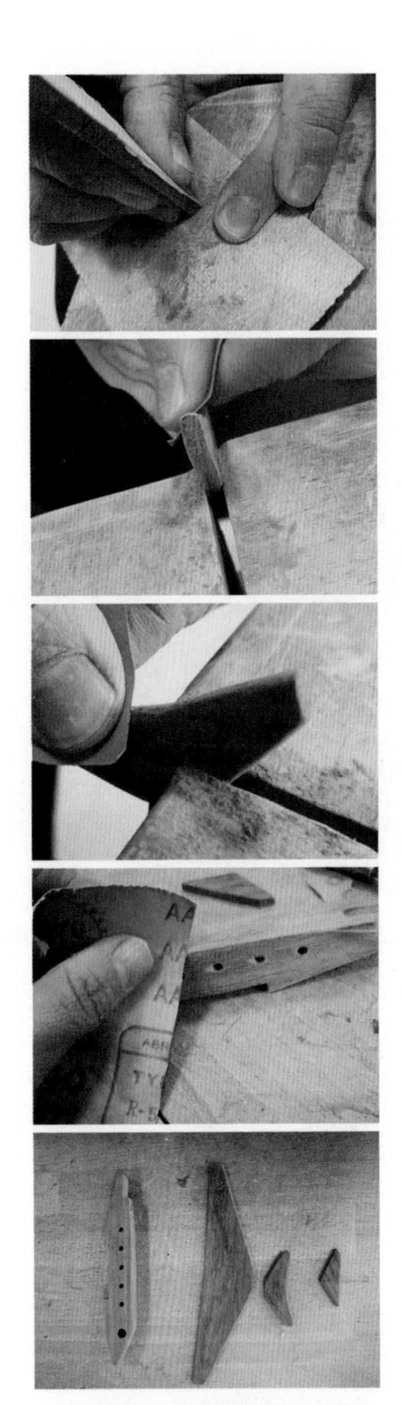

7 使用 240 目的砂纸分别进行打磨，直至表面光滑无毛刺。

8 涂抹木工胶，并装上尾翼的水平稳定面。

9 继续涂抹木工胶并装上机翼。

10 选择合适的夹具进行组装。

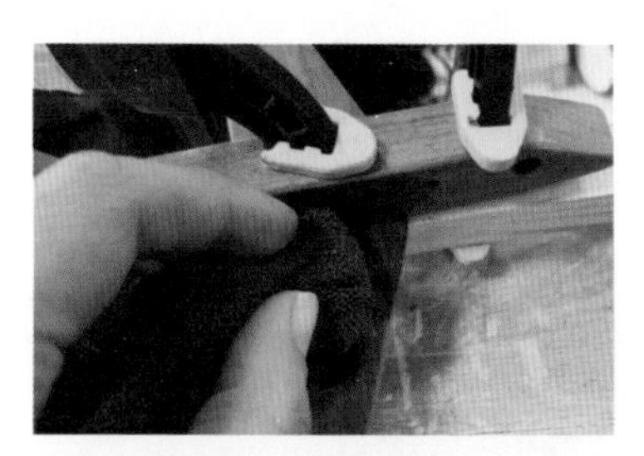

11 使用湿毛巾擦净多余的胶水，静置 24 小时后，将夹具拆下。

下面步骤需要一款双组分快干胶。

12 先把胶水涂抹到水平稳定面的结合面，再把尾翼安装在上面。

13 对准结合部位喷雾。稍微用力按压10~15秒钟，即可粘接完成。

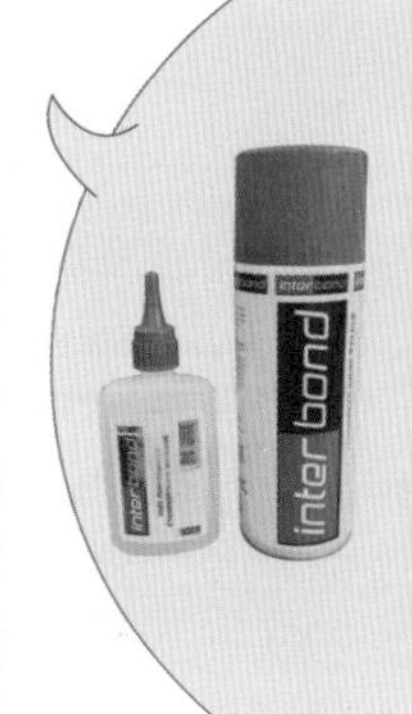

这款双组分快干胶在常温下可以快速固化（10~15 秒 钟），使用非常便捷，粘合力强。可以粘接各类木材、人造板、塑料等。施胶时一定要确保施胶面平整、光滑、无灰尘，才能使胶合发挥到最大强度。

小贴士

• 飞机尾部是上翘的，不容易夹持。可以在飞机下面垫木块，形成夹持平面，方便组装。

14 使用 240 目砂纸对飞机进行打磨。

15 使用棉布蘸取适量木蜡油涂抹。涂抹完使用干布擦除多余木蜡油，并放置一段时间，静待木蜡油被木材吸收完全。

小贴士

• 打磨时，根据需要随时调整夹持的位置，方便进行打磨。若使用金属台钳进行夹持，应当垫木块以保护工件不受损伤。

成品展示

蜗牛

米宝的手工材料包里有一只小蜗牛，
我们一起把它贴在墙上，但是总会掉下来。
米宝说：妈妈我想要木头的蜗牛。
好主意，全家人立马齐上阵。

准备工作

工具和材料

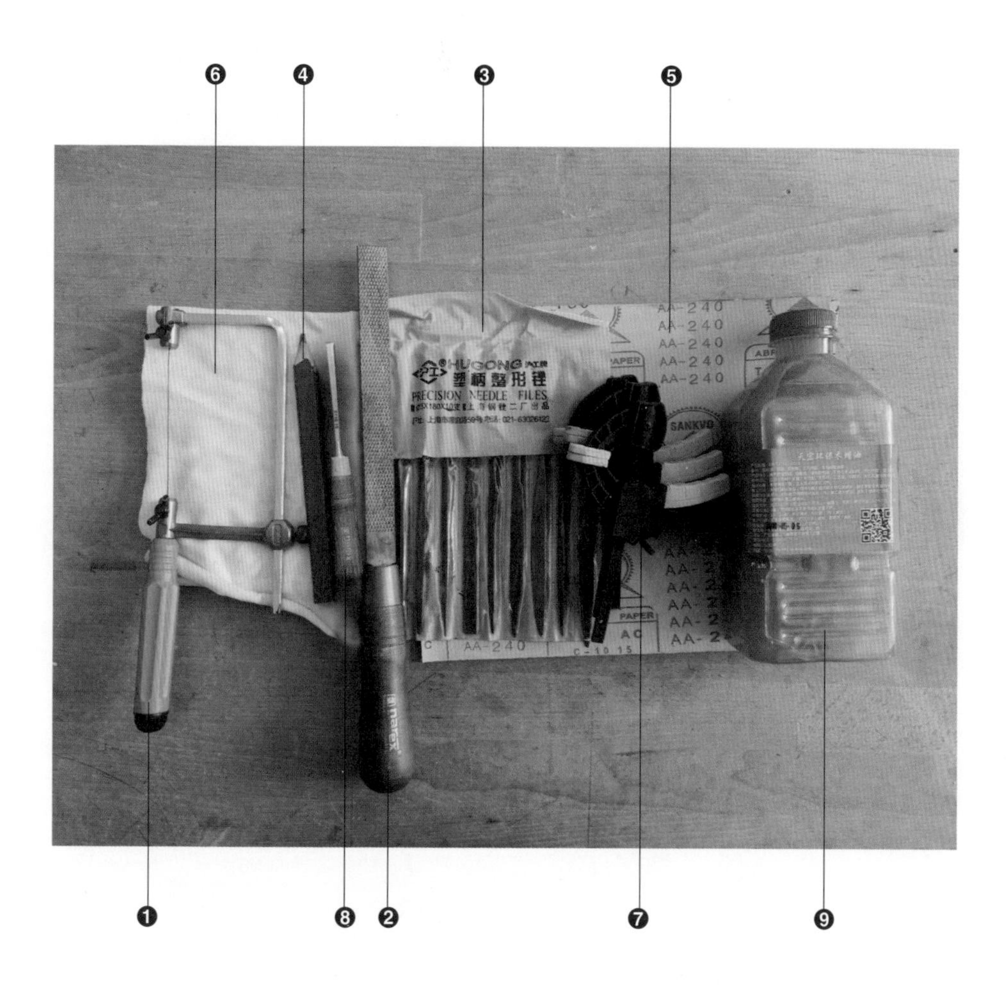

❶曲线锯一把

❷平板锉一把

❸什锦锉一套

❹木工铅笔

❺砂纸（80，120，240，320 目各一张）

❻棉布一块

❼小号快速夹 3 个

❽扁凿一把

❾蜂蜡或木蜡油少许

其他：木料深色、浅色各一块，木工胶

制作步骤

1　选取木料一块，在上面绘制出蜗牛的形状。

2　将木料固定好，沿绘制曲线进行切割，注意留适当余量。

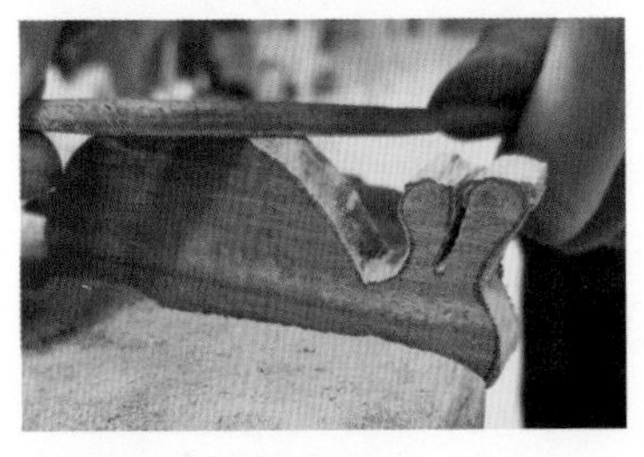

3　使用锉刀进行修整。

4　曲线部分注意根据形状更换合适的锉刀进行修整。

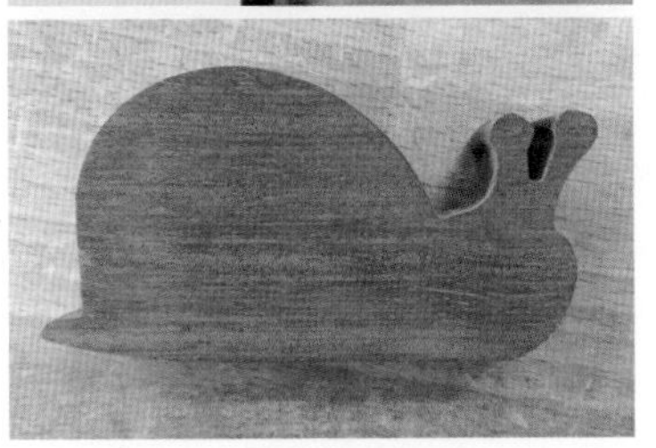

5　修整后，用砂纸打磨至光滑。打磨步骤可参见前文案例。

小贴士

• 本例提供图纸。

6 选取另外颜色的木料绘制蜗牛壳的形状，并使用曲线锯锯出形状。锯制过程同前面案例步骤，可参照。

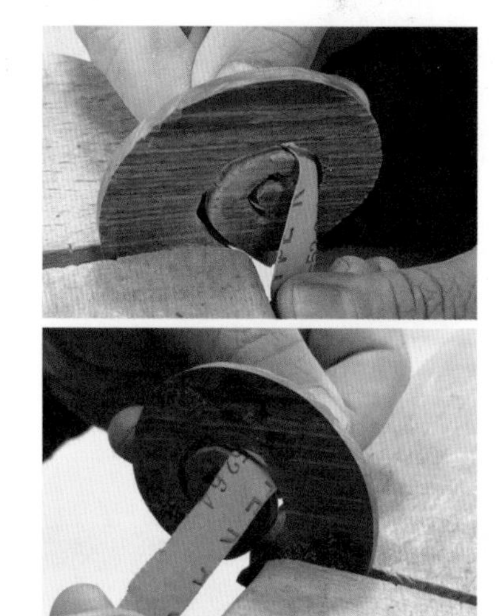

8 使用砂纸进行打磨。

7 使用雕刻刀或小号扁凿进行修整。

9 涂抹适量木工胶，将蜗牛壳粘到蜗牛身体上。

10 使用夹具进行夹紧，并用湿毛巾将溢出的胶水擦干净，放置 24 小时以上。

11 拆除夹具，使用砂纸打磨，并涂抹木蜡油进行表面处理。

成品展示

夹心饼干

准备工作

工具和材料

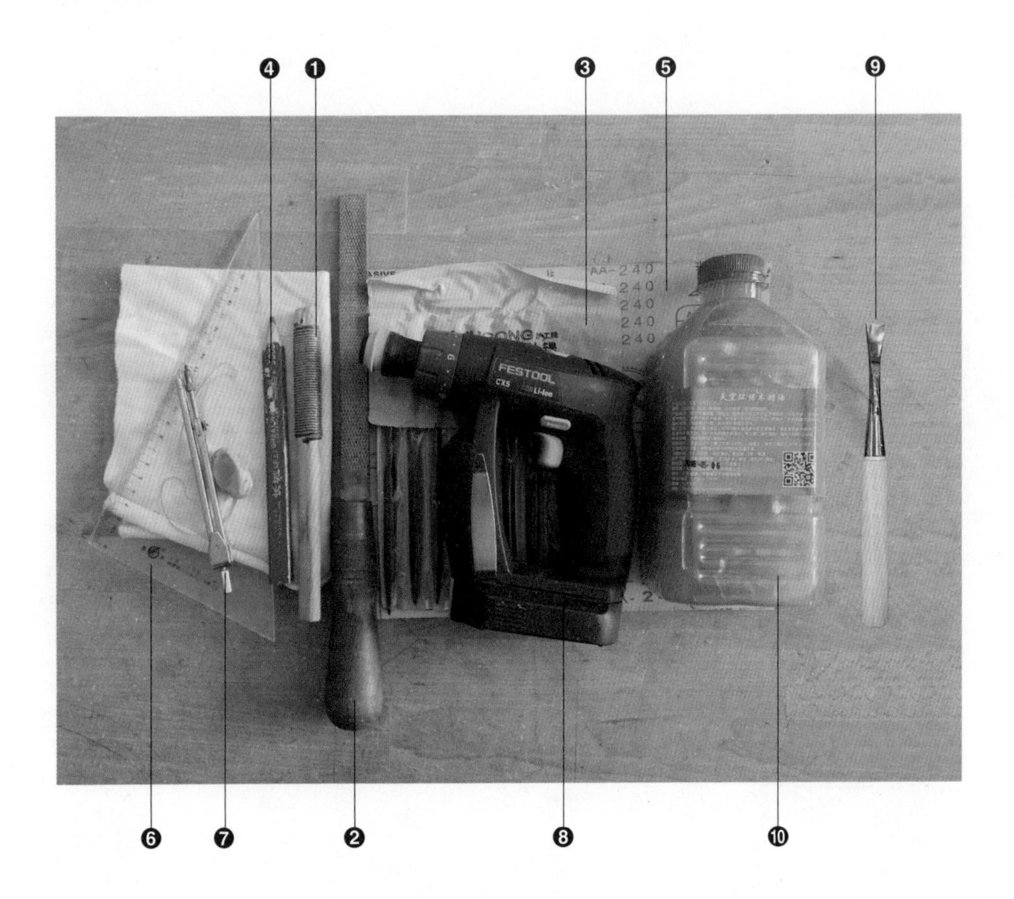

❶毛锉一把

❷平板锉一把

❸什锦锉一套

❹木工铅笔

❺砂纸（180，240 目各一张）

❻直角尺一把

❼圆规

❽手电钻一把

❾小号圆弧刀一把

❿食用油或木蜡油少许

其他：快速夹，黑胡桃木（50mm×50mm×3mm，可用紫光檀等深色木材替代），榉木（可使用松木等浅色木材替代），沉孔钻或磨针，乳白胶。

制作步骤

1 取出事先准备好的木料，按照 3 个一组排列好。

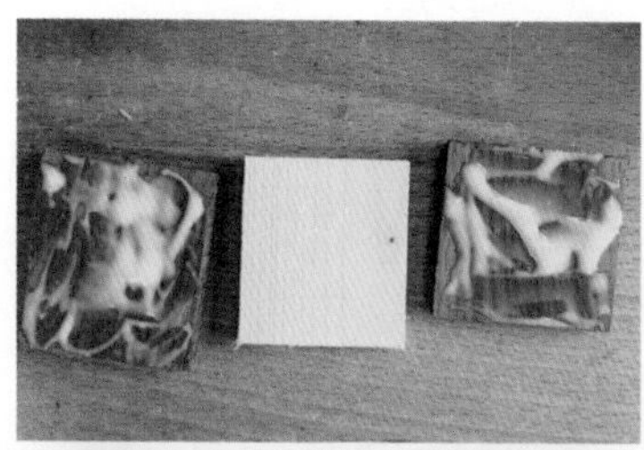

2 在上、下两层木料上涂抹适量的乳白胶，然后叠放在一起。

小贴士

• 中间两块接触面没有涂胶，所以不用担心两块饼干会黏在一起。

3 使用夹具进行夹紧，固化 24 小时。台钳、快速夹、工作台都可以进行夹持，并不拘泥于一种夹紧形式。

4 静置 24 小时后，将夹具拆开。

5 使用铅笔、尺子绘制出木块的对角线，找到两条对角线的交点。

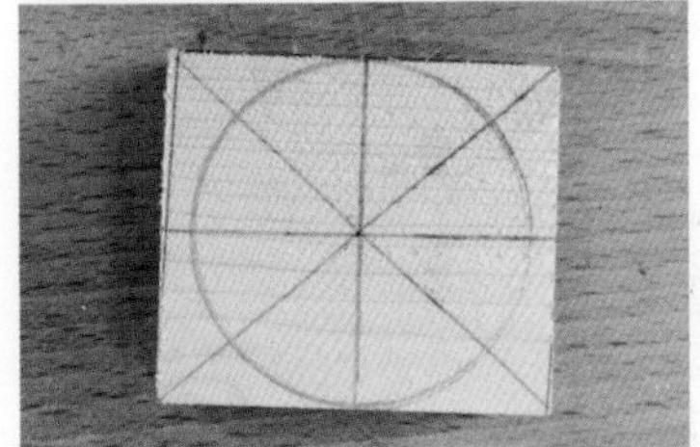

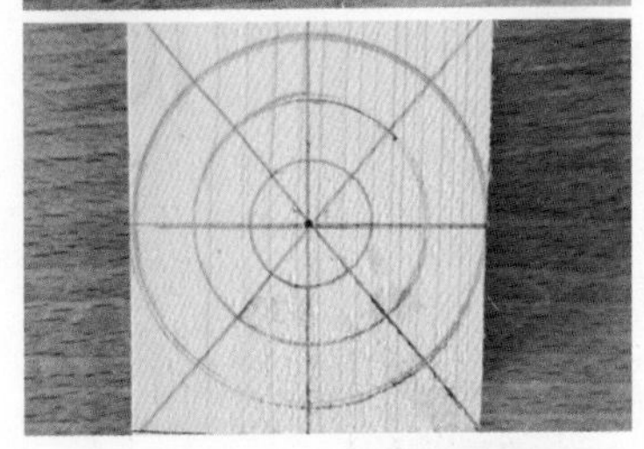

6 以交点为圆心，用圆规画圆，然后三等分，依次画圆形。

7 手电钻安装好沉孔钻或者磨针，在各个交点处钻浅孔。孔深控制在 2～3mm。

8 使用毛锉将木块的棱角除去，并用 180 目或 240 目的砂纸进行打磨（砂纸打磨可参照前文）。

9 使用三角锉在各直线与外圆的交点处制作出小缺口。

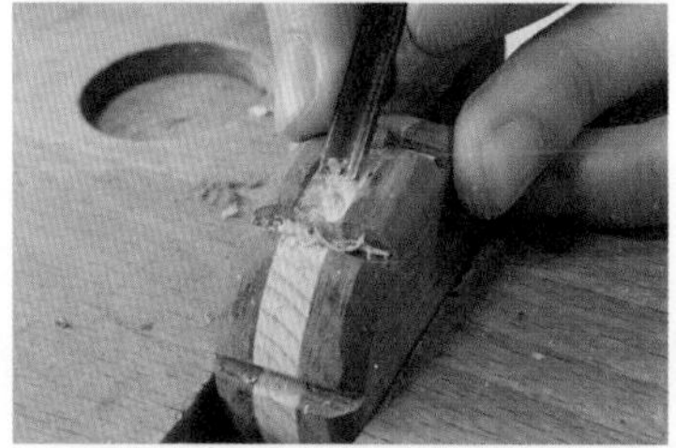

10 使用雕刻刀或小号圆弧刀制作出夹心部分的内凹弧线。

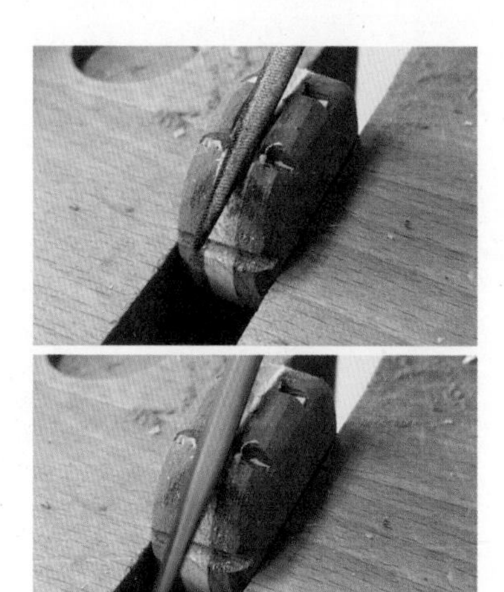

11 使用圆形锉刀修整内凹弧线。

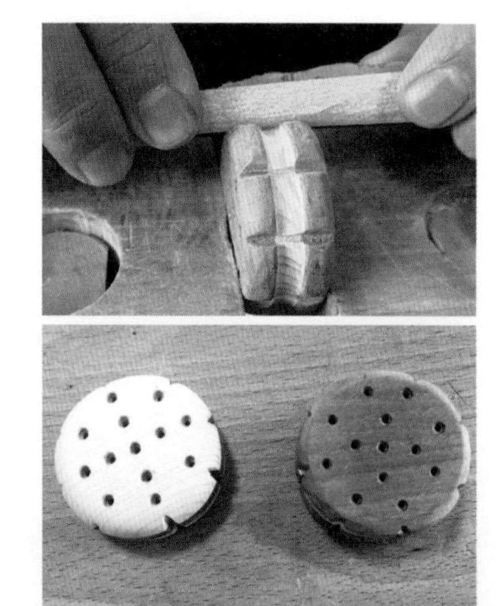

12 使用 180 目或 240 目的砂纸进行打磨。凹槽部分，使用锉刀裹上砂纸进行打磨，直至饼干打磨至光滑无砂痕。

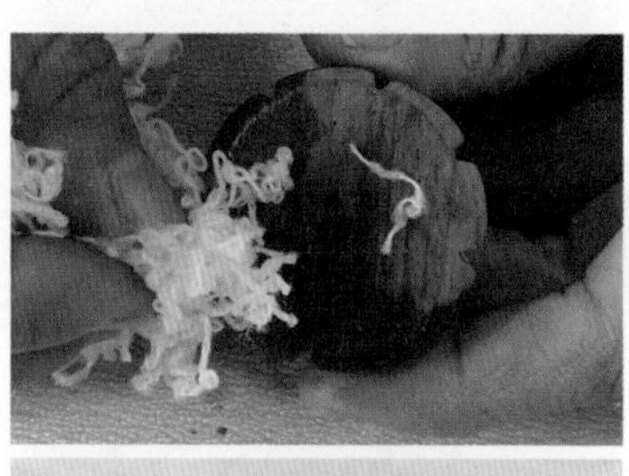

13 涂抹木蜡油。

成品
展示

鲁班锁

准备工作

工具和材料

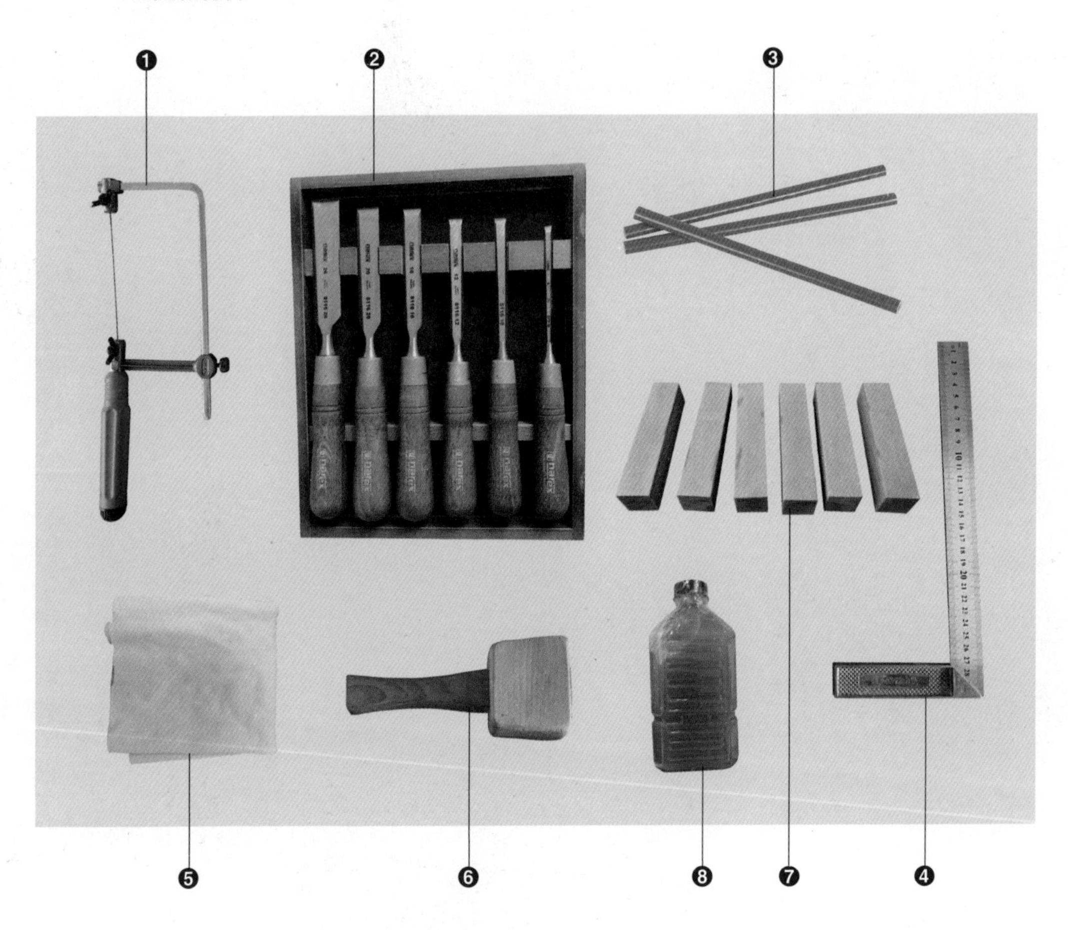

❶曲线锯一把

❷扁凿套装

❸木工铅笔

❹直角尺一把（或 T 型画线尺）

❺棉布一块

❻木槌一把

❼100mm × 20mm × 20mm 木料 6 根

❽木蜡油少许

其他：砂纸（240，320 目各一张）

制作步骤

1 取出事先准备好的 100mm × 20mm × 20mm 的 6 根木料。

2 根据本书提供的图纸尺寸，使用画线尺分别画线。

画线时，需要锯切掉的部分可以用“X”标识。

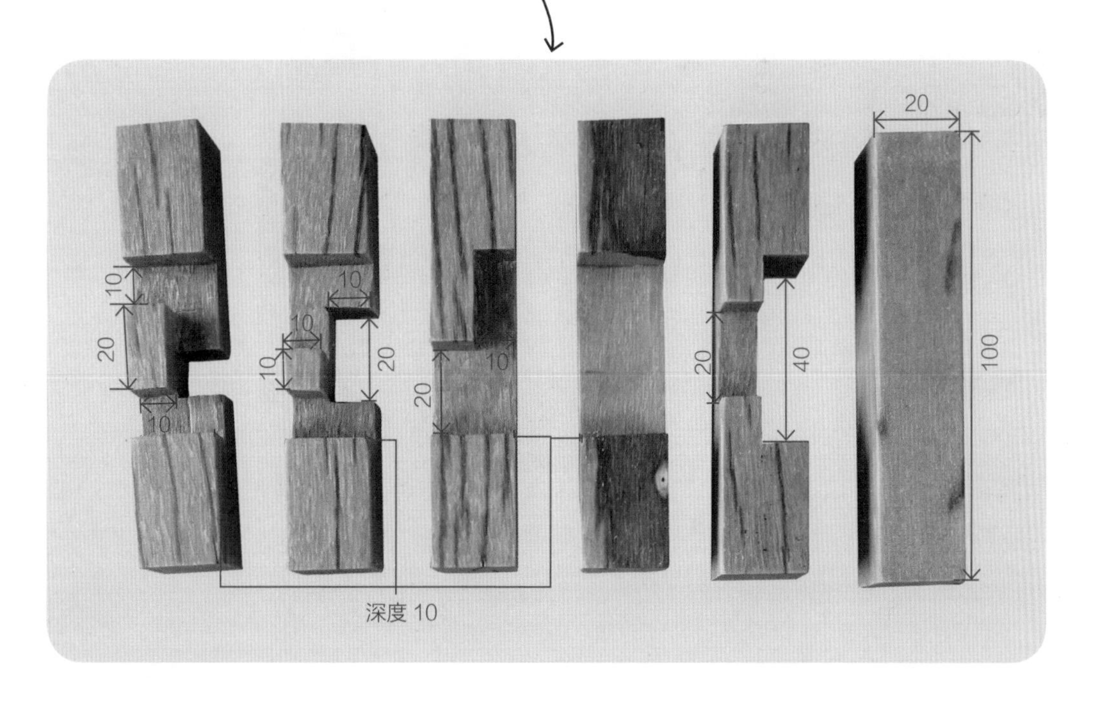

3 使用夹背锯或曲线锯，根据画线位置开始锯切。

小贴士

• 锯切时一般要“留线”，保留一定的余量，防止过切。

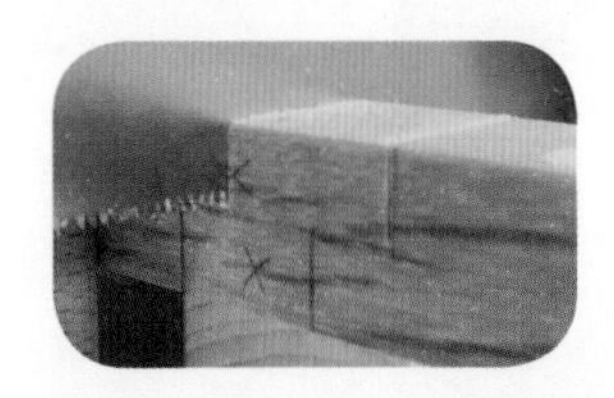

• 除了使用曲线锯加工，还可以使用凿子进行加工。读者可以自行选择适合自己的工具。

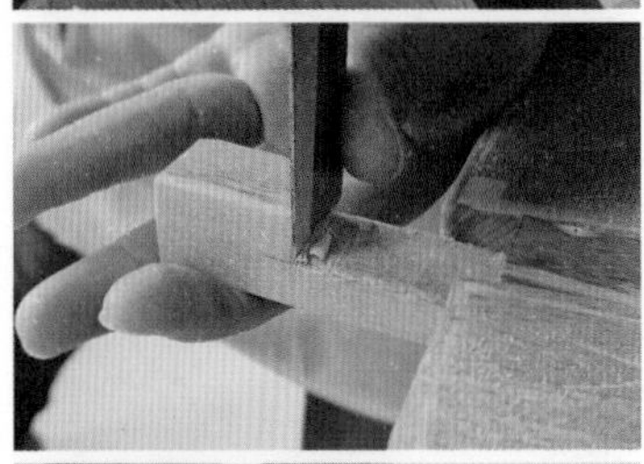

4 使用扁凿进行修整。

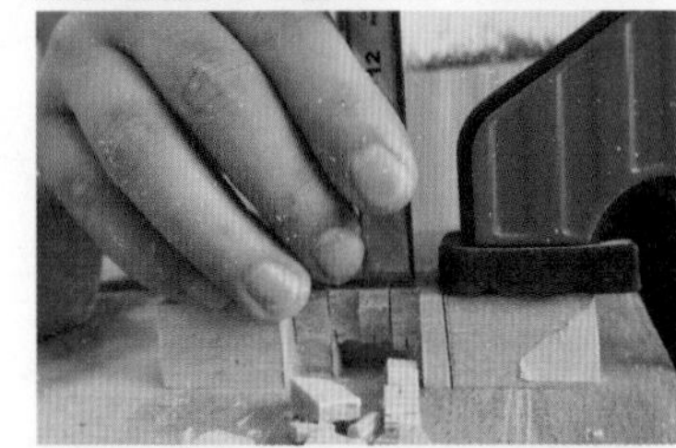

5 其他部件按照图纸，使用同样的方法加工。

6 使用扁凿进行进一步修整。

7 全部修整完成。

8 使用 240，320 目砂纸依次开始打磨所有工件。

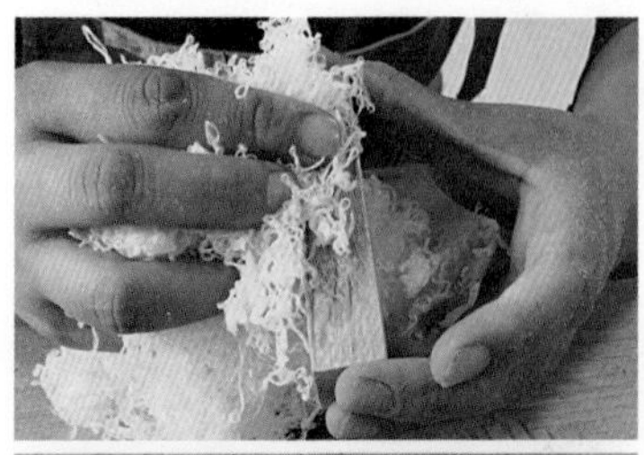

9 打磨完毕，用棉布蘸取适量木蜡油涂抹工件表面。

10 做好之后按照以上顺序安装。

小贴士

• 涂抹木蜡油不仅可以起到保护木料的作用，同时会让木料色泽更漂亮。

成品展示

图书在版编目（CIP）数据

玩转微木工：零基础木作小件 / 张付花著. — 北京：中国轻工业出版社，2025.1

ISBN 978-7-5184-2031-5

Ⅰ. ①玩… Ⅱ. ①张… Ⅲ. ①木制品－手工艺品－制作 Ⅳ. ① TS656

中国版本图书馆 CIP 数据核字（2018）第 156236 号

责任编辑：陈　萍　　责任终审：劳国强　　整体设计：锋尚设计
策划编辑：陈　萍　　责任校对：吴大朋　　责任监印：张京华

出版发行：中国轻工业出版社（北京鲁谷东街5号，邮编：100040）
印　　刷：艺堂印刷（天津）有限公司
经　　销：各地新华书店
版　　次：2025年1月第1版第4次印刷
开　　本：720 × 1000　1/16　印张：7.5
字　　数：220千字
书　　号：ISBN 978-7-5184-2031-5　定价：49.80元
邮购电话：010-85119873
发行电话：010-85119832　010-85119912
网　　址：http://www.chlip.com.cn
Email：club@chlip.com.cn

242558W3C104ZBW